当代视角下的物联网农业灌溉系统

庞利民 叶永伟 著

吉林科学技术出版社

图书在版编目（CIP）数据

当代视角下的物联网农业灌溉系统 / 庞利民，叶永伟著. -- 长春：吉林科学技术出版社，2019.8
ISBN 978-7-5578-5713-4

Ⅰ．①当… Ⅱ．①庞… ②叶… Ⅲ．①互联网络－应用－农业灌溉－灌溉系统－研究②智能技术－应用－农业灌溉－灌溉系统－研究 Ⅳ．①S274.2-39

中国版本图书馆CIP数据核字(2019)第159688号

当代视角下的物联网农业灌溉系统

著　庞利民　叶永伟
出 版 人　李　梁
责任编辑　孙　默
装帧设计　李　天
开　　本　787mm×1092mm　1/16
字　　数　160千字
印　　张　10.5
版　　次　2020年4月第1版
印　　次　2020年4月第1次印刷

出　　版　吉林科学技术出版社
发　　行　吉林科学技术出版社
地　　址　长春市龙腾国际出版大厦
邮　　编　130021
发行部电话/传真　0431-85635177　85651759　85651628
　　　　　　　　　85677817　85600611　85670016
储运部电话　0431-84612872
编辑部电话　0431-85635186
网　　址　www.jlstp.net
印　　刷　三河市元兴印务有限公司

书　　号　ISBN 978-7-5578-5713-4
定　　价　80.00元

前言

　　农业是社会经济的支柱性产业，尤其是农村地区对农业经济的依赖度极高。据分析，世界上约有 60%的水资源用于农作物灌溉，所以提高灌溉水资源利用效率可极大地降低农业生产的成本，高效的智能灌溉系统是农业工程领域的一个重点。

　　将物联网与农业生产结合，主要有以下几个优点：（1）基于可用的水供应制定农田的灌溉计划；（2）最小化人力成本、管理成本与时间；（3）提前预测水涝等自然灾害，通过适当地抽水防止农田被破坏；（4）协调农业生产的各个环节；虽然许多研究通过物联网技术实现了农田自动灌溉系统，但此类方案考虑的环境因素并不全面，对灌溉用水量的预测也并不精准。本书主要介绍喷灌、微灌、集雨节水灌溉特点、灌溉制度、自动灌溉系统的设计等内容。

　　本书可作为高等学校农业水利工程、水利水电工程和水文水资源工程的专业辅助教材，也可作为其他相关专业的教学用书及从事灌溉排水技术推广人员的培训教材或同类专业工程技术人员参考。

目录

第一章　农业的未来与发展现状

实现农业现代化是世界各国农业发展的共同方向与主要目标，而农业现代化则需要用现代科学技术改造传统农业，让传统的农业从依靠天气吃饭、依靠环境吃饭中解脱出来，进行高产、优质、高效的农业生产。物联网的发展、无线技术的进展、分布式计算、人工智能和生物科技为农业和农村信息化的新发展奠定了基础。人们能够随时监测自己所吃的食物来自何方，能够精准化和自动化控制农作物的生长环境，能够直接在网上购买远方农村的水果蔬菜，也能够远程耕种收割，还能够在都市中体验现代农业的乐趣。新的信息技术为农业又一次的革命带来了可能，农业正在以一种更高效、更绿色、更可持续发展的模式进行着转型升级。

第一节　未来信息化新农业展望

你心目中农村的生活是怎样的？是面朝黄土、背朝天的世界，还是"锄禾日当午，汗滴禾下土"的工作？闭上眼睛，想象一下，坐在家中或办公室中，借助电脑、手机等信息化服务终端可以通过网络获取最近一段时间的天气情况，为种植生产做准备，实时点播农业专家的农业科普知识讲座，实时了解各地的农业市场行情。不仅如此，各种各样的传感和控制设备能够快速感知耕作土地的环境情况，它们不仅价格低廉，而且耐用，同时轻盈、小巧，遍布农田、池塘、菜地等各个地方，可以系统地监测农作物的生长和健康状况，一旦遇到问题，还有农科专家通过网络远程帮助查看现场情况和历史信息，为你实时解决问题，让农业生产更加精准化、标准化和专业化，显著提升了农业生产效率，农产品的产出也将更加绿色和安全。

你是否觉得这一切遥不可及？事实上，你会发现这个梦想已经在部分实现，智慧的城市将触角伸向了大地的每个角落，不论身处何方，信息都能找到你。即便是传统的农业，也从依靠天气吃饭、依靠环境吃饭的困境中解脱出来，物联网的发展、无线技术的进步及分布式计算、人工智能和生物科技为农业和农村信息化的新发展奠定了基础。图 1-1 描述了未来农业的一种生产环境，人们不仅可以通过智慧的网络随时监测自己所吃的食物来自何方，还能够精准化和自动化控制农作物的生长环境，更能够远程进行管理和控制。农业将进入到数字化、精准化、标准化和规模化生产的新阶段。

图 1-1　未来农业的生产环境

第二节　农业信息化的发展历程

一直以来，农业都被认为是人类衣食之源、生存之本，是一切生产的首要条件。农业为国民经济其他部门提供粮食、副食品、工业原料、资金和出口物资，同时农村又是工业品的最大市场和劳动力的来源，是智慧城市应用的重要组成部分。传统的农业规模小、商品率低、科技含量少，也就是人们常说的"小农经济"。在小农经济的条件下，土地是农业中不可替代的基本生产资料，劳动对象主要是有生命的动植物，产业生产效率低，生产时间与劳动时间不一致，受自然条件影响大，有明显的区域性和季节性，传统农业需要承受极大的自然风险。因而，全世界包括中国都在不断对传统农业进行革新，通过先进的科学技术将靠天吃饭的传统农业转变为可以通过信息化技术及其他先进技术控制的高效率的现代农业上来。接下来将分别从世界农业发展和中国农业信息化技术的发展两个方面介绍农业信息化的发展变革历史。

一、 世界农业信息化的历程

全世界农业自然资源的分布其实是很不平衡的，不同国家、地区之间有很大的差异，世界农业信息化发展的基本特点是由几个农业中心起源，逐步扩展到其他周围地区，并根据地区自有的特点继续深化发展。

（一） 第一阶段

"圈地运动"可谓是农业革命的开端。英国大范围的圈地以及国内外的农畜产品需求量的不断增长，促进了轮作制的变革。从18世纪初开始，英国推行一种叫诺福克四田轮作制（"四圃制"），以代替原先的三田或两田轮作，即实行小麦→块根作物（主要是芜菁）→大麦燕麦→牧草（三叶草及其他豆科牧草）→小麦轮作制，不仅使土地利用率和农作物产量得到较大提高，而且有利于发展畜牧业和恢复地力。接着，法国在18世纪末到19世纪初、美国于18世纪后期到19世纪中期、德国于19世纪30年代、俄国于1861年相继取消了封建农奴制，资本主义农业开始得到发展。随着资本主义制度的确立，产业革命在各国相继开展，世界经济得到迅速发展，有力地推动了近代农业的发展和农业技术的变革。

尽管从 19 世纪中叶到第二次世界大战的近 100 年间，由于经历了几次大的世界经济危机，加上受两次世界大战的破坏，给农业生产带来了极为严重的影响，西欧各国农业出现了停滞、萎缩和衰退。但是，从世界范围看，资本主义工业、交通运输业和国际贸易的发展，以及城市人口的迅速增长，又推动了世界农业生产的发展，特别是 19 世纪初、中叶以来，由于美国、加拿大、阿根廷、澳大利亚等新开发地区农业的崛起，世界农业仍保持缓慢增长的势头。另外，在一些殖民地和半殖民地国家，这些国家通常存在鲜明的二元特征，即存在先进的种植场以及传统的农业生产。如，东南亚及南亚各国，以生产橡胶、茶叶、油棕、甘蔗、胡椒及香料作物为主的种植园及农场（以中小型种植园为主，大型较少）经济，与广大小农、移民垦殖农场，甚至游耕农业同时并存；在南美洲的巴西、阿根廷等国，由外资控制的以从事谷物、咖啡、甘蔗、可可等商品性生产为主的少数大农场和大庄园与小农生产同时并存；在非洲，既有以经营咖啡、可可、油棕、橡胶、丁香、剑麻为主的规模较大的种植园（在撒哈拉以南各国），也有外国人经营的以生产粮、棉、烟草等为主的小规模集约化农场，以及规模较大的粗放型牧场等现代化的商品性农牧业，但更多的是以小农为主体的粗放型自给、半自给农牧业和小商品性农业，局部地区还保留有原始采集、渔猎经济，呈现出明显的巨大反差。

（二）　第二阶段

第二阶段是随着生产力的进步，在经济高度发达并具备运用大机器装备农业，以及交通运输业取得迅速发展的条件下，农业生产发生了专业化和地域分工。这种传统农业向现代农业的进化，有利于充分利用自然条件和社会经济条件，大力挖掘生产潜力，从而获得较高的劳动生产率和经济效益，是农业发展的趋势。

美国、加拿大、阿根廷、澳大利亚和新西兰等新开垦区农业生产专业化发展较快，成为世界主要的粮食、棉花、油料及畜产品的生产和供应地。到 20 世纪初，美国形成了 9 个专业化农业生产地带：①东北部和滨湖区乳用畜牧业带，②中央低平原北部玉米带，③大平原中北部小麦带，④南部棉花带，⑤墨西哥湾沿岸湿润亚热带作物带，⑥西部山地放牧和灌溉农区，⑦阿巴拉契亚混合农作带，⑧太平洋沿岸北部小麦、林牧区，⑨太平洋沿岸南部水果、蔬菜和灌溉农业区。澳大利亚由于东西之间气候、土壤等自然条件的差异很大，农业生产呈现明显的地域分工，自东向西依次为：集约化的种植业带，小麦—养羊带和放牧业带。东南亚各国形成了以热带经济作物为主的专业化地域分工；非洲和拉美一些国家以棉花、油料、热带经济作物为主的农业专门化地域分工等。

（三）第三阶段

第三阶段中，农业物质技术基础不断加强，农业机械化、化学化、水利化和电气化为主体的农业"四化"得到了迅速的发展与提高。为了迅速提高土地的产出率和劳动生产率，大多数国家都很重视增加农业物质技术投入，因此，农业生产条件有了很大的改善，对确保农业的持续稳定发展、农作物单产和总产以及农业劳动生产率的提高起到了重要的作用。"四化"的发展主要总结如下。

农业机械化有力地促进了农业劳动生产率的提高，对提高土地生产率、调整农村产业结构（农业劳动力向第二、三产业转移）也有重要作用。因而现代农业机械化取得巨大发展。除美国已于1940年基本实现农业机械化外，英、德、法、加、荷、苏等国相继于20世纪50年代初～50年代中期，意、日于20世纪60年代初～60年代中期基本实现了农业机械化。在实现农业机械化的过程中，一般首先从田间作业耕翻、播种、收等环节开始，从谷物生产逐步发展到经济作物、果树、蔬菜、饲料作物及畜牧业等方面。但由于各国的自然和社会经济条件不同，农业机械化的途径和重点也不相同。

农业化学化的范围随科技的发展，不仅包括使用化肥和农药，还包括运用饲料添加剂、土壤改良剂及推广农用塑料等，其中化肥和农药仍是其核心。近年来，世界各国都十分重视改进化肥的品种和质量，如生产复合肥料、浓缩肥料、液体肥料和缓解肥料等。另一方面，农药是防治农作物病虫害的重要手段之一。近十多年来，农药重点发展高效、低毒、无公害和广谱性农药。

水利工程的发展是以农田灌溉工程为代表的农业基础设施建设工作。主攻方向包括开源、节流和综合治理。在进行水资源的开发利用（如流域开发与跨流域调水）的同时，大力发展喷灌、滴灌、间歇灌溉等节水措施。在排水方面，世界各国亦取得长足发展。20 世纪 80 年代中期，国外（不含中国）防水防洪面积占耕地的 9%，其中荷兰全部耕地均有排水设施，美国有排水设施的耕地达 5980 万公顷，居世界之首。20 世纪 60 年代，波纹塑料排水管和自动埋管机的出现，加速了农田排水事业的发展。

最后，农业电气化是减轻农业的繁重体力劳动，促进农业机械化和自动化发展，提高农业劳动生产率的重要途径。它主要包括向农村供电和农业用电两个方面，农业用电又可细分为大田作业用电、灌溉排水用电、畜牧生产用电、农产品加工用电、防治病虫害用电和生活用电等。

（四） 第四阶段

第四阶段是高新技术利用阶段，这是来自通货膨胀和 20 世纪 70 年代初石油危机造成的经济停滞的压力。经济发达国家大力发展各种高新技术，以便节约能源的原材料，确保其产品在国际市场上的竞争地位，从而引发了高新技术及其相应产业的出现。第三世界一些新兴国家也努力引进新技术来加速本国经济增长。这就形成了世界性的新技术革命浪潮，也就是我们提到的现代农业技术，主要有生物工程、新材料、新能源、海洋技术、信息和空间技术等。

（1）生物工程与基因工程

运用遗传育种等生物工程技术培育作物高产品种，是现代农业中的一项重大革命。早在 20 世纪 20 年代，美国就已育成玉米杂交种，但直到 20 世纪 40 年代才推广。20 世纪 60 年代中期，在亚、非、拉美各国兴起的"绿色革命"，就是以利用遗传育种技术培育和推广高产、优质、多抗的作物品种为中心，并同完善水肥设施条件、改变耕作制度及推广科学的经营管理相结合，形成的一整套先进农业技术系统。如在墨西哥育成了耐旱三星期的玉米杂交种，中国育成了杂交稻，可增产 30%～50%。一向被认为低产的作物如大豆、谷子等，由于育成并推广新的高产、耐旱品种，也正出现高产势头。此外，生物固氮方法的试验成功，在解决肥料问题方面是一个重大突破。当前，由于分子生物学的迅速发展，应用 DNA 重组和序列基因法，有可能挖掘最大的遗传产量潜力，提高对不良环境的抗性，培育更理想的株系、品系和品种。因此，大量新技术的出现不断驱动生物工程与基因工程在农业领域获得广泛的应用。

（2）新材料技术

新材料技术包括功能材料、复合材料、聚合物材料及特种陶瓷等，其中以聚合物材料与农产品原料生产关系最密切。如合成橡胶、塑料、合成纤维等聚合物材料的使用，可减轻对农产品原料需求的压力。塑料广泛用于建筑材料（今后可能占 1/4 以上），将会大大减少对原木的需求，免除对森林的过量采伐。此外，具有特殊光、电、磁、热性能的功能材料今后在农业上也有广泛的应用前景。

（3）生物能源技术

生物能源技术主要通过农产品原料生产生物和清洁能源。如 20 世纪 70 年代后期出现的种植能源林，选择速生的能源树种，甚至开发能源林场，生产的林木主要用做民用燃料。此外，还可种植能做能源原料的农作物。如当今从甘蔗、玉米中提炼取得的酒精已用于工业生产，可部分地取代汽油。又如，利用植物秸秆、牲畜粪便、海藻及污水产生的沼气，已成为一些发展中国家农村的重要民用能源。

（4）海洋开发技术

在海洋开发方面已崭露头角的高新技术有：开采海底石油、海水养殖、海水淡化、从海水中提取钾镁等元素、海洋发电、潜水和水下作业技术等。其中与农业关系最密切的是海水养殖业，它使农业为人类提供食物的任务从陆地扩展到海域，并从根本上改造了海洋渔业的原始捕捞方式，改用人工方法使海洋水生生物增殖，因而维护了渔业资源的再生力。海水养殖技术有两种：一是人工放流鱼苗，待其增殖后回收一部分；二是在沿海滩涂养殖海生生物。海水养殖前景广阔，据估算，如果充分利用世界沿海滩涂，可生产相当于现在海洋渔获量 15 倍的水产品。海水养殖业有可能将海洋变为人类未来食物的重要生产场所。此外，海水发电将使农业有充足的电力，海水淡化不仅可用于工业，也可用于农业灌溉。

（5）微电子技术

微型电子计算机可以应用于农业中的许多方面，包括农牧业生产管理与自动化生产，计算机网络信息管理，建立农业数据库系统、专家系统，进行系统模拟、适时处理与控制和数字图像处理等。如在作物生产管理方面，美国于 20 世纪 80 年代初开发出大型棉花和虫害管理模型（CIM）。后来又通过嵌入专家系统进一步加以完善，于 1986 年推出了棉花综合管理系统（COMAX）。在开发计算机网络服务方面，法国农业部植保总局建立了一个全国范围的病虫害测报计算机网络系统，可以适时提供病虫害实况、病虫害预报、农药残毒预报和农药评价信息等。

（6）空间技术

空间技术与农业关系密切，如通讯卫星、气象卫星可提高气象观测水平，更好地为农业服务。遥感可用于土壤调查与土地资源清查及其制图、作物估产、植物识别、自然灾害调查、土壤湿度与农业环境污染等方面。遥测可对农作物、森林和渔场进行观察监视，预报产量，预报鱼群洄游路线以及森林防火等。预计在未来还将出现在航天飞行器里栽培植物的"宇宙农业"。

这些新技术的发展不仅有可能大幅度提高土地的单位面积产量和牲畜的产品率，从而将极大地提高农业劳动生产率和降低各项农业消耗，而且将导致农业生产布局的重大变革。

不论是发达国家的发展历程，还是半殖民地或发展中国家的发展历程，从世界各国的经验来看，现代农业的发展水平直接关系到工业化、城镇化的发展进程。而高新技术在农业中的运用也是农业现代化中重要的一环，是农业发展的趋势。农业信息化的落后，不仅会制约农业和农村经济的健康发展，也势必会拖工业化、城镇化和整个国民经济的后腿。

二、 中国农业信息化的历程

中国的农业发展一直受各种资源要素的制约，例如，我国水资源总量占世界水资源总量的 7%，居第 6 位，但人均占有量为世界人均水量的 27%，居世界第 119 位，是全球 13 个贫水国之一。660 多个城市中有三分之二的城市供水不足，其中 110 个城市严重缺水；人均耕地面积仅相当于世界人均耕地面积的 40%。而且由于自然环境和地貌环境的不同，我国农业也呈现出按区域的地块生产特征。图 1-2 说明了中国的自然区划分情况和农业区域的分布情况。

由于农业在国民生产中的重要性，党和国家始终高度重视我国农业问题，"三农"工作成为重中之重。自 2004 年以来，已经连续发布了 9 个以"三农"为主题的中央一号文件，强调加快农业信息化建设和积极推进农村信息化。《中共中央

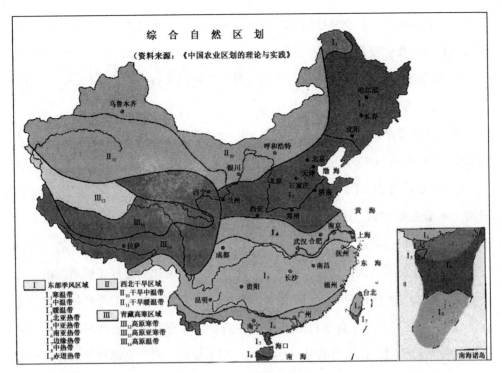

图 1-2　中国农业区划

关于制定国民经济和社会发展第十一个五年规划的建议》提出"推进现代农业建设"的战略。党的十七大报告指出，要全面认识工业化、信息化、城镇化、市场化、国际化的深入发展的新形势、新任务，深刻把握我国发展面临的新课题、新矛盾。党的十七届三中全会也明确提出，要实现"生产和经营信息化"。《2006—2020 年国家信息化发展战略》明确提出，"把缩小城乡数字鸿沟作为统筹城乡经济社会发展的重要内容，推进农业信息化和现代农业建设，为建设社会主义新农村服务"。胡锦涛总书记在 2010 年两院院士大会上指出，要大力发展现代农业科学技术，推进农业信息化、数字化、精准化。温家宝总理在政府工作报告中再次强调"在工业化、城镇化深入发展中同步推进农业现代化"。《中共中央关于制定国民经济和社会发展第十二个五年规划的建议》提出，要加快发展现代农业，推进农业科技创新，促进农业生产经营专业化、标准化、规模化、集约化。2011 年中央一号文件第一次在党的重要文件中全面深刻地阐述水利在现代农业建设、经济社会发展和生态环境改善中的重要地位，通过持续、深入、逐步系统化的支农惠农政策，加强现代农业建设，推进实现农业现代化。2012 年，中共中央国务院印发《关于加快推进农业科技创新持续增强农产品供给保障能力的若干意见》，把"农业科技"摆上更加突出的位置。

总结经验，目前我国农业信息化的发展主要经历了以下四个阶段。

（一）　第一阶段

第一阶段是基础农业信息化建设发展阶段。现阶段，我国的具体情况是：人均 GDP 已经突破 2000 美元，在经济规模上已具备加快发展现代农业的能力。2006 年，全国非农产业占 GDP 的比重上升到 87.6%，非农业劳动就业份额达到 53.1%，城镇化水平达到 43%。这些结构性指标反映出，我国不但已经到了可以不依赖农业积累来实现快速发展的阶段，而且还可以用"以工促农、以城带乡"的方式，支持农业转变发展方式，进行农业建设，加快农业信息化的发展。然而，由于传统原因，到 20 世纪 90 年末，我国 72.3 万个行政村中仍有 11.7 万个广播电视覆盖盲区行政村，535.8 万个自然村中仍有 56.3 万个广播电视盲区自然村，共计 1.48 亿农民听不到广播，看不到电视。为此，自 1998 年起，原广电部和国家计委在全国启动了"广播电视村村通工程"。到 2007 年，共投入 40 多亿元资金加强农村地区广播电视节目发射、转播、传输、监测基础设施建设，完成了全部 11.7 万个已通电行政村和 10 万个 50 户以上已通电自然村的"村村通广播电视"工程建设，修复了 1.5 万个"返盲"行政村，有效解决了近 1 亿农民群众收听收看广播电视难的问题，使我国广播、电视人口综合覆盖率分别从 1997 年的 86.02% 和 87.68% 提高到 2007 年的 95.4% 和 96.6%。其中北京、天津、浙江等省（市）已基本实行行政村村村通广播电视。另外，近年来，我国财政收入保持持续快速增长，国家财政支持现代农业及农业信息化建设的能力明显增强。为解决农村通信基础设施落后问题，原信息产业部从 2004 年起组织中国电信、中国网通、中国移动、中国联通、中国卫通、中国铁通等 6 家运营商，在全国范围开展了以发展农村通信、推动农村通信普遍服务为目标的重大基础工程——"村村通电话工程"。2004 年至 2007 年，6 家电信运营企业累计投资超过 200 多亿元，在偏远农村地区铺设通信电缆约 50 多万公里，建成移动通信基站约 2 万多个，完成 6.9 万个无电话行政村通电话，使全国已通电话的行政村比重由 2003 年年底的 89.94% 上升到 2007 年的 99.5%；其中农村移动通信网络乡镇覆盖率达到 98.9%，行政村覆盖率达到

93.6%，人口覆盖率达到 97%。为了进一步完善农村通信基础设施，提高农村电信网络普及程度，2007 年，原信息产业部又在全国启动自然村"村村通电话工程"，当年为 2 万多个 20 户以上无电话自然村新开通电话，使全国自然村村通率提高 0.8 个百分点，其中上海、天津、江苏、广东、宁夏 5 省市实现了全部 20 户以上的自然村通电话。村村通电话工程显著改善了农村通信基础设施状况，不仅明显提高了电话网络在农村的覆盖率，同时也极大促进了农村互联网建设的发展。至 2008 年底，全国通电话行政村比重达到 99.7%，通电话自然村比重达到 92.4%，全国 98% 的乡镇能上网、95% 的乡镇通宽带，部分行政村也具备了宽带或窄带上网能力。其中上海、江苏、广东等省市基本实现行政村通宽带，北京、天津、浙江、贵州、山东、吉林等一批省市已经实现乡乡通宽带。农村电话网与互联网双双发展，构成了农村信息服务的基础平台和主要渠道。

（二） 第二阶段

第二阶段是农村信息化平台建设阶段。农业改革将广大农民逐渐推向市场，农民在庆幸自己能够自主决定"种什么"的同时，却对如何进行农业生产决策产生了困惑，国内"水果大战"、"棉花大战"、"羊毛大战"、"蚕丝大战"也因此连绵不断。农民在遭受损失后，已强烈地意识到正确的信息对他们获得收入的重要性，从而使一个巨大的农业信息市场雏形初现。由于农村对农业信息的极大需求，全国农业信息化平台的建设也如雨后春笋般在全国各地展开。据统计，全国省级、地（市）级、县级农业部门建设农业局域网的比例分别由 2000 年的 65%、12% 和 1%，上升到 2007 年的 100%、80% 以上和 40% 以上；全国省级、地（市）级、县级农业部门建设了农业信息网站的比例分别由 2000 年的 87%、40% 和 16%，上升到 2007 年 100%、83% 和 60% 以上。以农业部建设运行的"中国农业信息网"为龙头、各省农业部门信息网站为骨干、各种社会力量举办的农业信息网站为依托的全国农业农村信息网站体系迅速发展壮大。中国农业信息网已形成集 67 个频道、37 个专业子网站、31 个省级农业网站为一体的农业系统网站群，日均点击量超过 600 万次，访问量居国内农业网站首位、世界农业网站第二位。其他中央有关部门也纷纷建设或参与建设农业农村信息服务网站，商务部建设了新农村商网，开展农村商务信息服务。国家气象局建设了联通 33 个省（区、市及计划单列市）、

270 多个地级市、1300 多个县的中国兴农网，直接为"三农"提高农业气象和经济信息服务。到 2007 年底，在中国农业信息网上登记注册的全国农业网站已达 5160 个；根据国务院新闻办公室有关资料，我国农业网站已经有 1 万多家，全面覆盖农业、农村经济和社会各个方面。图 1-3 表示了中国"三农"信息化的主要发展工程。

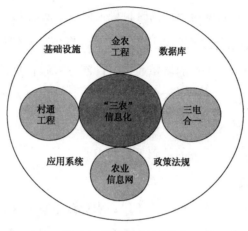

图 1-3　农村信息化技术发展

（三）　第三阶段

第三阶段是农村信息化与其他技术融合发展阶段。信息技术是渗透性、带动性最强的技术。随着信息技术的不断发展，信息技术之间、信息技术和其他技术之间的相互渗透日趋增加，单一的技术突破已难以适应产业发展的需要。信息科学有一个很大的基础科学库，它被不同的学科所使用，与其他学科交叉、融合，在 21 世纪有很多机会形成基础和技术上的创新。例如，信息技术学科与生命科学交叉形成了生物信息学，如农业基因库；信息技术学科与环境资源学科交叉形成了资源环境信息学，如绿色革命；同时也出现了计算化学、计算物理学等新的交叉学科。多学科交叉融合是学科自身高度发展的必然结果，是学术创新思想的体现，同时也给农业的信息技术的研究提出了很多课题，产生了大量新的研究方向、新的技术、新的产业与创新性成果。新兴交叉学科代表着先进生产力的发展方向，充满活力和机遇。

其中比较有代表性的项目是 863 智能化农业信息技术应用示范工程，该项目是我国目前得到政府持续支持时间最长、参与人员最多、实施区域最广的一个项目，是一个利用信息技术改造传统农业的伟大实践，也是世界范围内信息技术在农村地区广泛应用的成功案例。从 20 世纪 90 年代起，我国实施智能化农业信息技术应用示范工程项目，经历了研究探索（1990—1996）、试验示范（1996—1998）和应用推广（1998—2004）三个历史阶段，累计投入项目资金近亿元，各级地方政府和农业企业投入资金近 8 亿元，开发了 5 个 863 品牌农业专家系统开发平台，200 多个本地化、农民可直接使用的农业专家系统，建立了包括 10 万多条知识规则的知识库、3000 多万个数据的数据库、600 多个区域性的知识模型。覆盖全国 800 多个县，累计示范面积 5000 多万亩，增加产量 24.8 亿公斤，新增产值 22 亿元，节约成本 6 亿元，增收节支总额 28 亿元，700 多万农户受益。在 2003 年 12 月获得了联合国举办、安南秘书长直接参与的世界首脑信息峰会大奖。

（四） 第四阶段

第四阶段是农业物联网和精准农业的发展阶段。物联网被世界公认为是继计算机、互联网与移动通信网之后的世界信息产业第三次浪潮，是以感知为前提，实现人与人、人与物、物与物全面互联的网络。在这背后，则是在物体上植入各种微型芯片，用这些传感器获取物理世界的各种信息，再通过局部的无线网络、互联网、移动通信网等各种通信网络交互传递，从而实现对世界的感知。在计算机互联网的基础上，利用传感器、RFID、无线数据通信等技术，构造一个覆盖世界上万事万物的"Internet of Things"。在这个网络中，物品（商品）能够彼此进行"交流"，而无须人的干预。其实质是利用传感器、控制器、射频自动识别（RFID）等技术，通过计算机互联网实现物品（商品）的自动识别和信息的互联与共享。

农业物联网是信息化加上传感技术的发展所致。海湾战争后，GPS 技术的民用化使得它在许多国民经济领域的应用研究获得迅速发展，使得农业的传感网技术体系广泛运用于生产实践成为可能。1993 年至 1994 年，精准农业技术思想首先在美国明尼苏达州的两个农场进行试验，结果用 GPS 指导施肥的产量比传统平衡施肥的产量提高 30%左右，而且减少了化肥施用总量，经济效益大大提高。精准农业的试验成功，使得其技术思想得到了广泛发展。近五年来，世界上每年都举办相当规模的"国际精细农作学术研讨会"和有关装备技术产品展览会，已有上千篇关于精细农作的专题学术报告和研究成果见诸于重要国际学术会议或专业刊物。在万维网上设有多个专题网址，可及时检索到有关精细农作研究的最新信息。美、英、澳、加、德等国的一些著名大学相继设立了精细农作研究中心，开设了有关博士、硕士的培训课程。在发达国家，精细农作技术体系已实验应用于小麦、玉米、大豆、甜菜和土豆的生产管理上。1995年，美国约有5%的作物面积不同程度地应用了精细农作技术，近年来又有了更为迅速的发展。不仅发达国家对精细农作的技术实践非常重视，巴西、马来西亚等国也已开始了试验示范应用。

精准农业技术体系的实践与发展已经引起一些国家科技决策部门的高度重视。美国国家研究委员会（National Research Council）为此专门立项对有关发展战略进行研究，经过由美国科学院、美国工程院院士组织评估，于1997年发表了一份 *Precision Agriculture in the 21st* Century——*Geospatial and Information Technologies in Crop Management* 研究报告，全面分析了美国农业面临的压力、信息技术为改善作物生产管理决策和改善经济效益提供的巨大潜力，阐明了"精准农业"技术研究的发展现状以及为信息产业和支持技术开发研究提供的机遇。精准农业在美国、英国等发达国家已经成为一种高新技术与农业生产结合的产业，且已被广泛承认是发展持续农业的重要途径。

国际上精准农业的实践表明，实施精准农业要求对信息技术、生物技术、工程装备技术和适应市场经济环境的经营技术进行集成组装，综合是其典型特征，技术集成是其核心，因此需要多部门、多学科联合作战。精准农业被誉为"信息时代作物生产管理技术思想的革命"。随着信息化农业的发展，精准农业已成为信息化农业的重要内容。精准农业是基于信息和知识管理复杂农业系统的集成技术体系。这一技术体系思想应用于作物生产，可称之为"信息时代的现代农田精耕细作技术"。它首先要求尽可能应用先进的信息采集手段来快速、实时、较低成本地获取农田作物产量、品质等差异性信息和影响作物生产的各种客观数据，从大量数据中提取有助于制订农作管理科学决策的信息，能有效地运用农作管理的科学知识分析客观信息，制订农业生产的科学管理决策，最后通过各种变量农作机械或人工控制等措施来达到作物生产预期的技术经济目标。精准农业主要致力于实现农业资源高效利用、提高产出、节约投入、降本增效、减少环境污染等可持续发展，以及适应当今建立农产品品质保障与食物链安全生产跟踪与产品安全认证技术体系的新要求。

我国实施精准农业的近期目标，一方面是总结国外发展经验，根据中国的国情找准自己的切入点，另一方面是切实做好有关应用技术的研究开发，力求走出适合中国国情的精确农业的发展道路。我国已成功将 RS、GIS 技术应用于农业发展中，在作物种植面积调查、农业气象和灾害测报、资源环境和土地利用情况的调查与动态监测、作物估产等方面做了大量的研究和示范应用。例如，通过"遥感、地理信息系统、全球定位系统技术的综合应用研究"项目，可以在大（全球和全国）、中、小各个尺度上，高精度和短周期地获取和处理农业信息，可以对全国范围的小麦、玉米、大豆、水稻四种作物进行实用的遥感估产，精确度达到 90%以上。

国家 863 计划在全国 20 个省市开展了"智能化农业信息技术应用示范工程"。这些技术的广泛应用，为我国今后精准农业的发展奠定了一定的技术基础，但这些研究与应用大部分局限于 GIS、GPS、RS、ES、MS 单项技术领域与农业领域的结合，没有形成精准农业完整的技术体系。我国尚处于"精准农业"实践的起步阶段。实现精准农业，必须学习和吸收国际上已取得的比较成熟的先进技术和经验，注意选择适合中国农情的、具有较高增值效益的农业产业，围绕系统管理决策的整体优化目标，实施基于投入/产出效益评估的重点领域进行。目前，适应精准农业技术体系应用的 DGPS 装置，GIS 适用平台及农作物资源空间信息数据库管理软件，作物生产决策支持模拟模型，带 DGPS 接收机小区产量传感器和产量分布绘图装置的谷物联合收割机，自动调控施药、施肥机、播种机均已有商品化产品；支持农田信息实时采集的田间土壤水分、N/P/K 含量、PH 值、有机质含量、作物苗情、杂草分布等的传感器技术，已有初步研究开发成果。可以预言，精准农业技术体系的装备技术发展将会日新月异，有关新兴产业将得到快速发展。搞好精准农业的科技创新需要有多种科学技术的集成支持，主要是：3S（RS、GPS、GIS）地理空间信息技术的农业应用；农田空间分布信息快速采集先进传感技术与高效实时信息处理技术；农田土壤与作物生产精细化管理决策支撑技术；智能化变量作业农业装备技术和系统集成与分析技术等科学技术的集成创新。

我国精准农业的思想已经为科技界和社会所广泛接受，并在实践上有一些应用。例如，在北京顺义区 1.5 万公顷的范围内用 GPS 导航开展了防治蚜虫的试验示范。在遥感应用方面，我国已成为遥感大国，在农业监测、作物估产、资源规划等方面已有广泛的应用。在地理信息系统方面，应用更加广泛，例如，辽宁省用 GIS 进行了辽河平原农业生态管理的应用研究，吉林省结合其省农业信息网开发"万维网地理信息系统（WebGIS）"，北京密云县完成以 GIS 技术建立的县级农业资源管理信息系统。不仅如此，随着我国农业技术和相关信息产业、工程制造业的发展，智能控制技术的广泛应用，精准农业的技术必将得到不断发展和完善，且将扩展到更为广泛的设施农作、养殖业和加工业的精细管理与经营。例如，在黑龙江建三江农垦地区通过采集温室内温度、土壤温度、CO_2 浓度、湿度信号，以及光照、叶面湿度、露点温度等环境参数，自动开启或者关闭指定控制设备，实现对温室大棚环境参数的远程调节控制，并可通过对历史数据的持续分析，为农业生产提供决策支持。

通过农业物联网以及精准农业技术，使农业生产在相对可控的环境条件下，采用工业化生产，实现集约高效可持续发展的现代超前农业生产方式，实现了农业先进设施与农业生产环境相配套，具有高度的技术规范和高效益的集约化规模经营的生产方式。它集科研、生产、加工、销售于一体，实现周年性、全天候、反季节的企业化规模生产；它集成现代生物技术、农业工程、农用新材料等学科，以现代化农业设施为依托，科技含量高，产品附加值高，土地产出率高和劳动生产率高，是我国农业新技术革命的跨世纪工程。

第三节　中国农业信息化的挑战与机遇

生产发展是新农村建设的基础，而实现生产发展就必须发展现代农业、信息农业，这是努力实现粮食增产、农民增收和农业多功能发展目标的必经之路，也是实现生活宽裕、乡风文明、村容整洁、管理民主的重要基础。实现农业信息化，不仅关系到农业的发展、农村的进步、农民的富裕，也关系到整个社会的发展进步、人民生活水平的提高。发达国家的实践对我们有非常明确的启示：在保障本国基本农产品有效供给、稳定本国的经济社会发展、应对国际竞争、建设现代化国家的进程中，农业现代化是重中之重，农业的信息化也不可缺位，具有必然性。可以说，信息农业建设进程快慢、成果大小，决定着新农村建设的进展和成效。对于一个有 13 多亿人口的发展中国家而言，实现农业现代化和农业信息化无疑是具有重要历史意义的最大民生工程。

一、 农业信息化的特点

农业信息化发展的特点主要有三方面。

第一，农业信息化发展依赖于农村信息基础的建立和投入。农业信息化的发展需要加速农业信息网络建设；加快建设农业信息网络，完善全方位为"三农"服务体系；发挥国家投资主渠道的作用，各级地方政府及农业部门应加大投入，建立区域网、局域网、县（市、区）网站、乡镇信息服务机构，与国内主干网、农业主干网、互联网接轨，形成全面、高效、高质为"三农"服务的网络体系。

第二，农业信息化发展是不均衡的，这就要求农业信息化的发展需要根据全国农业信息分布和农业信息部门发展情况，合理规划农业信息化发展的近期、中期、长期目标。农业信息化需要因地制宜，建成一批具有相当规模的、适宜实用的、能定期更新的全国性、公益性的农业信息化基础数据库、核心数据库和农业科技数据中心群，发挥战略数据库的作用。通过大力建设农业信息数据库，搞好集成，最大地发展农业信息资源的优势。

第三，农村信息化是多网覆盖和多种高科技技术结合的复合型项目。农村信息化以农村实际需求为核心，整合和集结互联网、公共电话网、无线寻呼网、广播电视网（含有线网）、卫星网等多种方式和信息资源，形成系统的、整体的、综合的农业信息服务体系，实施资源共享、优势互补、智能型、节约型、效率型的信息服务。同时，传统农业主要依赖资源的投入，而信息化农业则和不断发展的其他新技术结合相关，这包括生物技术、耕作技术、节水灌溉技术等农业高新技术。新技术的应用使现代农业的增长方式由单纯地依靠资源，转到主要依靠提高资源利用率和可持续发展能力的方向上来。

总的来看，信息化农业能够改变传统农业的基本面貌，使得农业具有新的内涵、功能和定位。可以说，从传统农业到现代农业的转变是实现农业信息化的必然要求，也是整个经济社会现代化不可或缺的部分。

二、 农业信息化发展的难点

多年来，我国国家各级领导非常关心农业信息化问题。然而，在人增、地减、水减的情况下，要继续发挥农业对国民经济的支撑作用，难度越来越大，农业仍然是国民经济中最薄弱的环节，因此，实现现代化农业是一项长期而艰巨的系统工程，信息化农业是其中不可或缺的一环。总体而言，我国农业生产呈现着强地域性、组织分散性、时空多变性和信息封闭的特征。正是由于我国南北气候差异、东西地形各异，以及东中西不同地区的经济发展水平也不一致，因此，在不同的地区形成了不同的作物生产带，在不同作物生产带收获的农产品，除了供本地消费外，更多的会在全国甚至全球范围内流通。随着人们对健康和绿色食品关注度的提高，如何保障绿色和安全的生产、加工和运输，如何实现高效率和可持续的农业发展，都需要农业信息化技术的支撑，这其中面临着众多的困难。

第一，农业信息化面临的问题是农业基础设施薄弱，农民稳定增收依然困难，农村社会事业发展依然滞后，城乡经济社会发展失衡、差距继续拉大等基本状况。由于我国人均占有农业资源的水平低，人均耕地不到 0.1 公顷，仅为世界平均水平的 1/3；人均草地 0.3 公顷，不到世界的 1/2；人均林地 0.1 公顷，为世界的 1/8，农业资源承载的压力很大。此外，随着城市化进程的加快，更多的农村劳动力正在逐步转移，从事农业生产的人员数量逐年降低。综合来看，由于我国农业劳动生产率低、资源稀缺，综合利用率低且存在资源逆向流动，近 10 年来，我国粮食生产成本以平均每年 10%的速度递增，小麦、大米、玉米、大豆、高粱、大麦等价格已均高于国际市场价格。更严重的是，农业生产条件和基础设施薄弱，信息化推广缺乏硬件基础，现代化程度弱，抗御自然灾害的能力低，每年受灾面积为

1500～3000 万公顷，进一步导致了农业丰产增收的难度加大。

第二，农业基层从业人员科技素质以及科技生产手段仍然较为落后。据农业部统计，在我国 4.9 亿农村劳动力中，高中以上文化程度的仅占 13%，接受过系统农业职业技术教育的不足 5%。农业信息员队伍数量不足、素质不高、利用不够，信息资源开发程度低，服务形式单一、手段落后。农业的物质技术装备程度低，多数地区停留在手工劳动阶段。农村教育落后，文盲半文盲还在不断增加，科技人员不足且在不断流失，科技手段落后，科学技术在农业增长中的贡献仅为 30% 左右，远低于发达国家 60%～80%的水平。信息化农业最终要靠有文化、懂技术、会经营的新型农民，才能更好地接受信息化带来的信息，并将这些高新技术运用到生产实践中去。相对偏低的农民素质带来了农业信息化软件功能的不完善，必然是发展农业信息化的瓶颈。

第三，农业科技研发能力和推广力度与国外相比还有所欠缺。目前国家重视农业信息化的发展，但是对农业信息化研发能力和推广力度不足。中国农科院的专家测算，对农业科技每 1 元钱的投入，回报是 9.59 元。当前，加快完善基层农业技术研发和推广体系十分关键。要不断增加现代农业科研专项，支持重大农业科技项目，加强国家基地、区域性农业科研中心建设。继续增加农业科技成果转化和推广投入，建立乡村级农民技术员队伍，树立科技示范农户，组织培训农民，引导农业科技新成果进村入户。高度重视土地、水及环境等方面先进适用技术的推广应用，走高产、优质、高效和可持续的农业发展道路。

三、 中国农业发展的巨大潜力

尽管中国农业受到国际国内双重竞争压力，但挑战与希望同在，前景仍然是光明的。

（1）耕地资源的后备潜力巨大

中国现有耕地 3500 万公顷，其中 1470 万公顷可开垦为耕地，如果以每年开发复垦 30 万公顷计算，可以弥补同期耕地占用，加上复种指数的提高，农业用地稳定在 13 亿亩是有保障的。

（2）耕地的单产潜力巨大

虽然 1990 年我国粮食单产就高出世界平均水平的 54%，但目前条件下，主要粮食作物单产仍然具有巨大潜力。林毅夫教授通过大量实证研究认为，未挖掘的潜力一般相当于现有实际单产水平的 2～3 倍，我国有 2/3 的中低产田通过改造能使单产大幅度提高，今后 50 年只要单产年均递增 1%，就可以达到预期的粮食总产量目标。

（3）科技投入尚有巨大潜力

目前，科技在农业增产中的贡献率约为 35%，随着科教兴农战略的深入实施，科技贡献率达到 50%，粮食产量再上新台阶，农业经济效益提高到能获得平均利润水平，城乡收入差距进一步缩小。

（4）食品多样化生产有广阔天地

中国有 675 万公顷内陆养殖水面，200 万公顷近海养殖水域，3.9 亿公顷草场，发展水产、畜禽大有余地，占国土面积 70%的山区有着丰富的木本粮油资源，实现食品多样化替代粮食消费有广阔的选择空间。

（5）节约粮食更有巨大潜力

中国粮食在种、收、运、储、销、加工方面的现代化手段不足，存在严重浪费，粮食消费结构也很不合理，如能在上述环节上将粮食损失减至合理范围，就相当于能增加 2000 万吨粮食供给能力。

（6）教育投入潜力巨大

政府正在坚定不移地执行科教兴农和可持续发展战略，有足够的信心和决心解决中国农业滞后问题。

通过信息化技术的发展和政策的合理引导，中国农业潜力将会得到释放，为国民经济的发展做出更大的贡献。

第二章　喷灌工程技术

第一节　喷灌工程技术简介

喷灌是喷洒灌溉的简称。它是利用专门的系统（动力设备、水泵、管道等）将水加压（或利用水的自然落差加压）后送到田间，通过喷洒器（喷头）将水喷射到空中，并使水分散成细小水滴后洒落在田间进行灌溉的一种灌水方法。与传统的地面灌水方法相比，它具有适应性强的特点，适应于任何地形和作物；全部采用管道输水，可人为控制灌水量，对作物进行适时适量灌溉，不产生地表径流和深层渗漏，因此可节水 30%～50%，且灌溉均匀，质量高，有利于作物生长发育；减少占地，能扩大播种面积的 10%～20%；不用平整土地，省时省工，并能调节田间小气候，提高农产品的品质以及对某些作物病虫害起防治作用；有利于实现灌溉机械化、自动化等优点。

喷灌系统有多种分类方式。按水流压力方式可分为机压式、自压式和提水蓄能式喷灌系统，按喷灌设备的形式可分为机组式和管道式喷灌系统，按喷洒方式可分为移动式、固定式和半固定式三种类型。

机组式喷灌系统（见图 2-1）：喷灌机是将喷灌系统中有关部件组装成一体，组成可移动的机组进行作业。其组成一般是在手抬式或手推车拖拉机上安装一个或多个喷头、水泵、管道，以电动机或柴油机为动力，进行喷洒灌溉的，其结构紧凑、机动灵活、机械利用率高，能够一机多用，单位喷灌面积的投资少。轻小型喷灌机是目前我国农村应用较为广泛的一种喷灌系统，特别适合田间渠道配套性好或水源分布广、取水点较多的地区。

图 2-1　机组式喷灌系统

　　固定式喷灌系统（见图 2-2）中动力机、水泵固定，输水干管、分干管及支管均埋入地下。喷头可常年安装在与支管连接伸出地面的竖管上，也可按轮灌顺序轮换安装使用。这种形式虽然运行管理方便，并便于实现自动控制，但因设备利用率低；投资大，竖管妨碍机耕，世界各国发展面积都不多。一般只用于灌水次数频繁、经济价值高的蔬菜和经济作物的灌溉。

图 2-2　固定式喷灌系统

图 2-3　半固定式喷灌系统

半固定式喷灌系统（见图 2-3）中动力机、水泵及输水干管等常年或整个灌溉季节固定不动，支管、竖管和喷头等可以拆卸移动，安装在不同的作业位置上轮流喷灌。工作支管和喷头由给水控制阀向支管供水。移动支管可以采用人工移动，也可以用机械移动。

第二节　工程规划与布置

一、系统组成

喷灌系统主要由水源工程、首部装置、输配水管道系统和喷头等部分构成。

（一）水源工程

河流、湖泊、水库和井泉等都可以作为喷灌的水源，但都必须修建相应的设施，如泵站及附属设施、水量调节池等。

（二）水泵及配套动力机

喷灌需要使用有压力的水才能进行喷洒。通常是用水泵将水提吸、增压、输送到各级管道及各个喷头中，并通过喷头喷洒出来。喷灌可使用各种农用泵、离心泵、潜水泵、深井泵等。在有电力供应的地方常用电动机作为水泵的动力机。在用电困难的地方可用柴油机、拖拉机或手扶拖拉机等作为水泵的动力机，动力机功率大小根据水泵的配套要求而定。

（三）首部装置

喷灌首部需要安装控制装置、量水装置及安全保护装置等。一般布置闸阀、止回阀、压力表、进排气阀、水表等，进、排气阀是为了防止由于突然断电停机或其他事故产生的水锤破坏管道系统而布置的装置。还有特殊要求时需要增加设备，如有时在首部还装有施肥装置。

（四）管道系统及配件

管道系统一般包括干管、支管两级，竖管三级，其作用是将压力水输送并分配到田间喷头中去。干管和支管起输水、配水作用，竖管安装在支管上，末端接喷头。管道系统中装有各种连接和控制的附属配件，包括闸阀、三通、弯头和其他接头等，有时在干管或支管的上端还装有施肥装置。

（五） 喷头

喷头将管道系统输送来的水通过喷嘴喷射到空中，形成下雨的效果撒落在地面，灌溉作物。喷头装在竖管上或直接安装于支管上，是喷灌系统中的关键设备。

（六） 田间工程

移动式喷灌机在田间作业，需要在田间修建水渠和调节池及相应的建筑物，将灌溉水从水源引到田间，以满足喷灌的要求。

如图 2-4 所示为小型喷灌机组及喷头。

图 2-4　小型喷灌机组及喷头

二、 喷灌工程系统规划

喷灌工程系统规划必须充分适应农业经营条件。旱地灌溉多种多样而且供水要求复杂，与农户的农业活动直接相关。单家单户灌溉有时使工程布置受到一定的制约，由此往往造成灌水量的大幅度变动，因此必须进行统一规划。

（一） 喷灌工程规划原则

喷灌工程规划应与各地农业发展规划、水利规划等协调一致，并考虑路、林、沟、渠及居民用地等。需要收集和勘测当地的自然条件、地形、地貌、气象、土壤、作物、水源等资料，结合水利工程现状、生产现状、动力和机械情况、生产水平等情况，进行喷灌工程可行性和经济合理性分析并提出论证结果。

（二） 水源工程规划

水源工程规划主要包括水源、取水方式、取水位置、水量和水质以及动力类型、可用容量等项目的选择。

（三） 喷洒单元的规模

喷洒单元的规模根据农业经营条件、工程设施、维护管理费等综合考虑确定。其大小最重要的是适应地形、作物种类及规模化程度、田间工程配备程度、土地所属情况等实际的农业经营条件。若不满足这些条件，工程设施的利用将受到限制，所以有必要调查规划区的集体作业和协作组织的情况，以及耕地和作物的分散程度，在此基础上确定喷洒单元的大小。喷洒单元面积增大时，每个阀门的控制面积也增加，单位面积的工程费用随之下降。另外，对于综合利用的情况，因年使用次数增加，故不仅考虑工程费用，还有必要从便于操作管理和减少维护管理费方面综合考虑。

（四） 田间灌水器材的选择

喷灌设备、阀门等田间器材直接承担田间的喷水工作，应根据作物种植种类、农业种植条件、田间基本建设状况、地形、气象条件等综合考虑确定，以充分发挥灌溉的效益，并根据使用目的和使用条件选择适宜的形式与结构。

喷头回转时间对于一般的补充灌溉，因喷洒水量多，不会因为回转时间的差异而出现喷洒不均的问题，故不必对回转时间特别规定。用于补充灌溉的喷头其回转时间大多在 1～5min 的范围内，越大型的喷头回转时间越长。但是，综合利用时，特别是喷洒农药时，因喷洒时间极短，回转时间上的差别有可能造成喷洒不均，故取 20～60s 较为适宜。

为了根据灌溉计划给定的条件控制流量，正确进行配水操作，应设置适合使用条件的调节装置。若按使用目的大致分类，有用于输水系统流量自动控制的自动阀门，有为保护管道安全而设置的管道安全阀，也有用于喷洒农药、肥料的药液均匀喷洒阀等。另外，还有给水栓、混合器（将药液注入管道）及量水装置（差压式、电磁式、超声波式、旋翼式等）。

（五） 田间管网设备的选择

田间设备的配置应以提高水利用率为目的合理确定，使其发挥最大效率。喷头的布置间距和喷嘴口径等的确定应保证能以适当的喷灌强度均匀喷洒，量水设备、阀门类的配置应考虑喷洒单元的大小以及操作管理的要求确定。

喷灌系统采用固定管道式喷灌系统，管道布置采用单井管网系统，干管、支管均采用高压聚氯乙烯管（PVC－U）。立管可采用高强锦塑管或镀锌钢管，立管管径选用33mm。为便于耕作，节约投资，立管采用活动式，灌水时临时安装，不用时将其拆除，立管可周转使用，轮流灌溉，其数量可按单井控制两套喷灌支管10～15个喷头的成套设备。

喷头采用全圆喷洒形式，为使喷头不致过密，应尽量使用射程较大的喷头，以充分利用射程，使喷头有较大的间距。灌区在灌溉季节主风向比较稳定，喷头组合采用矩形组合布置形式可弥补风力的影响，不致出现漏喷现象。

管道式喷灌系统的类型很多，除固定管道式外，还可采用半固定管道式和移动管道式喷灌系统，还有喷机组喷灌系统等。由于灌区范围广，各地自然条件、作物种植以及社会经济条件等均存在差异，因此喷灌工程规划应根据因地制宜的原则，分别采用不同类型的喷灌系统，同时喷灌工程的规划应符合当地农田水利规划的要求，应与排水、道路、林带、供电系统相结合。

（六） 喷灌管网规划布置

1. 布置原则

输配水管网的布置应能控制全灌区，并使管道总长度最短，造价最小，同时有利于水防护，在机压系统中还应考虑使运行费用最省，注意管道安全，选择较好的基础等。

喷灌地块，大田灌溉中一般10～15hm² 为一个灌水单元，以支管为单元实行轮灌，地埋管深度要满足机耕和防冻要求。

2. 管网布置

干管布置：为系统安全考虑，干管选用硬PVC管，并埋于地下，一般垂直于作物种植方向。当地形坡度较陡时，一般应使干管沿主坡方向布置，路线可短些，以有利于控制管道的压力。

支管布置：一般平行于作物种植方向布置，坡地布置时，支管则可平行等高线布置，这样有利于控制支管的水头损失，使支管上各喷头工作压力尽量一致，也有利于使竖管保持铅垂，保证喷头在水平方向旋转。在梯田上布置管道时支管一般沿梯田水平方向布置，可减少支管与梯田相交而增加弯头等设备。应尽量避免支管向上坡布置。支管的布置与作物耕作方向一致，对固定式喷灌系统，可减少竖管对机耕的影响；对半固定式喷灌系统，移动支管时，便于在田垄间装卸，操作方便，也可避免践踏作物，同时充分考虑地块形状，力求使支管长度一致，管子规格统一，管线平顺，减少折点。

3.管网布置形式

（1）梳子形管网。灌区地形为一面坡面积，呈带形分布，当灌溉范围较小，地面高差不大时，一般需两级管网，可采用干管平行等高线、支管垂直等高线，如图 2-5 所示。如果灌区范围较大，地面坡度较陡，坡面多被山溪、河沟分割，但总体看地形呈一面坡，可采用三级管网控制干管布置，在灌区坡面上方控制全灌区的分干管以梳子形垂直等高线布置，支管基本上平行等高线。

（2）丰字形管网。地面呈一面坡，灌区范围较大但可采用两级管网控制，且地形较规则时，一级干管垂直等高线布置，支管由干管向两侧平行等高线布置形成丰字形管，如图 2-6 所示。

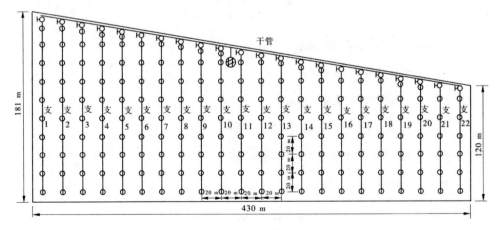

图 2-5　梳子形管网布置

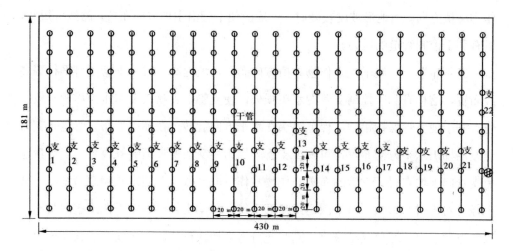

图 2-6 丰字形管网布置

第三节 灌溉制度

一、 灌水定额

根据规范，灌水定额由下式计算：

$$m = \frac{0.1\gamma h(\beta_1 - \beta_2)}{\eta} \qquad (2\text{-}1)$$

式中 m——设计灌水定额，mm；

γ——土壤容重，g／cm³；

h——计划湿润层深度，cm；

β_1——适宜土壤含水量上限（重量%）；

β_2——适宜土壤含水量下限（重量%）；

η——喷洒水利用系数。

二、 灌水周期

灌水周期用下式计算：

$$T = \frac{m}{E_p} \eta \qquad (2-2)$$

式中　T——灌水周期，d；

　　　m——设计灌水定额，mm；

　　　E_p——需水临界期日均需水强度，mm／d；

　　　η——喷洒水利用系数。

三、　喷头一次喷洒时间

喷头在工作点上的喷洒时间与灌水定额、喷头参数和组合间距有关，可按下式计算：

$$t = abm / (1000q) \qquad (2-3)$$

式中　t——喷头在工作点上的喷洒时间，h；

　　　a——喷头布置间距，m；

　　　b——支管的布置间距，m；

　　　m——设计灌水定额，mm；

　　　q——喷头流量，m³／h。

四、　喷灌系统日工作时间

喷灌系统日工作时间根据喷灌工程设计规范要求和实际条件进行选择，一般不小于 12～16h。

五、　喷头日喷洒点数

考虑半固定式喷灌系统现有备用支管，拆装和移动支管不占用喷灌作业时间，则喷头日喷洒点数用下式计算：

$$n = t_r / t \qquad (2\text{-}4)$$

式中　n——每日可喷洒的工作点数；

　　　t_r——每日喷灌系统作业时间，h；

　　　t——喷头在工作点上的喷洒时间，h。

六、　轮灌区喷头数确定

喷灌工程设计每个轮灌区喷头数由水源的供水能力和管道布置以及喷头的设计压力与流量适当选择。

七、　喷头选型及组合间距

喷头选型及组合是喷灌技术中很重要的因素，首先使组合均匀度、组合喷灌强度、雾化指标等不低于国家标准《喷灌工程技术规范》（GB／T50085—2007）的要求，还要考虑种植作物和土壤质地的要求。喷头选定后，还需要确定喷嘴的直径、扬角、流量、射程等参数。参数确定后，还要选用工作运转可靠、结实耐用的，由国家定点生产厂家或质量有保证信誉度高的产品。

喷头的组合形式主要有正方形布置和平行四边形布置。

单支管多喷头同时喷洒时，组合喷灌强度由下式计算：

$$\left. \begin{array}{l} \rho = K_w C_p \rho_s \\ K_w = 1.08 v^{0.194} \\ \rho_s = 1000 Q_p / (\pi R^2) \end{array} \right\} \qquad (2\text{-}5)$$

式中　ρ——组合喷灌强度，mm／h；

　　　K_w——风系数；

　　　C_p——布置系数；

　　　ρ_s——无风情况下单喷头全园喷洒时的喷灌强度，mm／h；

　　　v——设计风速，m／s；

　　　Q_p——喷头设计流量，m³／h；

R——喷头射程，m。

第四节　工程的设计与计算

一、　管材的选择

喷灌管道是喷灌工程的主要组成部分，用于喷灌的管材种类很多，可根据地质、地形、运输、供应情况、经济能力、使用环境等条件进行合理选择，但管材必须保证在规定工作压力下不发生开裂、爆管等现象，工作安全可靠。此外，还要求管材及附件价格低廉，使用年限长，内壁光滑，安装施工容易。目前，可供喷灌选择的管材主要有钢管、铸铁管、钢筋混凝土管、石棉水泥管、塑料管、薄壁铝合金管、薄壁镀锌钢管及涂塑软管等。近年来，随着塑料工业的发展和性能改进，国内喷灌工程已多选用塑料管材，主要有硬质聚氯乙烯（PVC－U）管、聚乙烯（PE）管、聚丙烯（PP）管和三型聚丙烯（PP－R）管。

喷灌管道的选用还应根据是作为固定管道还是移动管道来选择采用哪种类型的管道。

（1）轻小型移动喷灌机常用涂塑软管作为移动管道。

（2）绞盘式喷灌机多选用半软型 PE 管作为移动管道。

（3）地埋固定管道属常年不移动的管道，可选用的有塑料管、铸铁管和钢管，目前多选用 PVC 塑料管材。

（4）移动管道在灌溉季节中经常移动。可以选用的比较多，硬质的主要有薄壁铝合金管和镀锌薄壁钢管等，半软的可选用 PE 管材，软性的有麻布水龙带、锦塑软管等。

如图 2-7 所示为喷灌用 PVC－U 管材和移动铝管。

二、　管径选择

图 2-7 喷灌用 PVC－U 管材和移动铝管

（一） 干管管径选择

根据规划布置的干管长度和拟定的灌溉制度计算出干管流量，先用经济管径法计算初选，最后经水力计算并参考管材规格确定。

$$D=13\sqrt{Q} \tag{2-6}$$

式中　D——计算的经济管径，mm；

　　　Q——干管流量，m^3 / h。

（二） 支管管径选择

根据规划布置的支管，选取最长一条进行水力计算，并按规范要求保证支管的水头损失不大于喷头正常工作压力的20%，参考管材规格确定支管管径。

（三） 管道沿程水头损失计算

管道沿程水头损失的计算公式如下：

$$h_f=f\frac{LQ^mF}{d^b} \tag{2-7}$$

式中　h_f——管道的沿程水头损失，m；

　　　f——摩阻系数，各种管材的摩阻系数见表 2-1；

　　　L——计算管道长度，m；

　　　Q——计算管道通过的流量，m^3 / h；

　　　d——管道内径，mm；

　　　m——流量指数（见表 2-1），与摩阻损失有关；

　　　b——管径指数（见表 2-1），与摩阻损失有关；

F——多口系数，可查《喷灌工程设计手册》，无分流时，$F=1.0$。

表 2-1　各种管材的 f、m、b 值表

管材	f	m	b
硬塑料管	0.948×10^5	1.77	4.77
铝合金管	0.861×10^5	1.74	4.74

（四）　局部水头损失计算

$$h_j = \sum \frac{\zeta v^2}{2g} \tag{2-8}$$

式中　h_j——局部水头损失，m；

　　　ζ——局部损失系数；

　　　v——管内流速，m/s；

　　　g——重力加速度，取 9.81m/s^2。

在实际工程中，有的为简化计算，局部水头损失取沿程水头损失的 $10\%\sim 15\%$。

（五）　水泵选型

1. 扬程计算选取喷灌系统运行不利状态为典型，按下式计算：

$$H = h_s + h_p + \sum h_w + \Delta h \tag{2-9}$$

式中　H——喷灌系统设计扬程，m；

　　　h_s——典型喷点的竖管高度，m；

　　　h_p——喷头的设计工作压力，m；

　　　$\sum h_w$——各级管道的阻力损失，m；

　　　Δh——计算点地面与水源水位之间的高差，m。

2. 水泵流量计算

根据同时工作的喷头数来确定。

3. 水泵选择

根据设计扬程和设计流量，查水泵手册，选择水泵。

第五节　大田喷灌工程典型设计

该喷灌工程位于河南省唐河县唐岗、史庄两村、总面积为 2000 亩，用井水进行灌溉，平均每眼井控制 50～80 亩地，灌溉形式采用半固定式喷灌。

一、喷灌设计技术参数的拟定

（一）灌水定额

根据规范，灌水定额参考式（2-1）计算。

根据项目区土壤作物和风速情况，土壤容重取 1.4g／cm³，主要根系活动层取 60cm，田间持水量为 25%，适宜土壤含水量上限取田间持水量的 90%，适宜土壤含水量下限取田间持水量的 70%，喷洒水利用系数取 0.90，代入上式经计算得：

$$m＝46.7mm$$

取 $m_设$＝45mm（合 450m³／hm²）。

（二）灌水周期

灌水周期可参考式（2-2）进行计算。

根据项目区作物种植情况，需水临界期日平均需水强度 E_p 取 5mm／d，其他参数同前，经计算得 T＝8.1d，取 T 设＝8d。

二、喷头选型及组合间距

（一）喷头选型

根据种植作物和土壤质地情况，拟选用中压 ZY－2 型喷头，其性能指标见表 2-2。

大田粮食、果树等作物要求雾化指标为 3000～4000，所选喷头雾化指标较好，满足设计要求。

表 2-2　喷头性能指标

喷嘴直径 （mm）	工作压力 （MPa）	流量 （m³/h）	射程 （m）	喷灌强度 （mm/h）	雾化指标
6.5×3.0	0.3	3.0	19	10.5	4 615

（二）　组合间距

因项目区风速较小（小于 3m/s），设计风速取 3.0m/s，按照喷灌均匀系数不低于 75% 的要求，喷头组合间距取（1.0～0.87）R（垂直风向），因风向不固定，按正方形布置，喷头间距和支管间距均取 18m。

单支管多喷头同时喷洒时，组合喷灌强度由式（2-5）进行计算。根据喷头工作参数按式（2-5）计算单喷头喷灌强度 ρ_s，由 a/R 查 C_p～a/R 曲线及布置系数 C_p，按设计风速 3m/s 计算风系数 $K_w=1.34$，组合喷灌强度 ρ 计算结果见表 2-3。项目区地面坡度小于 5%，则土壤的允许喷灌强度为 10mm/h，组合喷灌强度 ρ 小于土壤允许的喷灌强度，故喷头与支管布置间距合理。

表 2-3　组合喷灌强度计算结果

喷嘴直径 d(mm)	6.5×3.1
单喷头喷灌强度 ρ_s(mm/h)	3.02
风系数 K_w	1.34
计算参数 a/R	0.95
布置系数 C_p	1.72
组合喷灌强度 ρ(mm/h)	6.96

三、　喷灌管网规划布置

（一）　布置原则

（1）考虑喷灌地块，一般 10～15hm²，主要用于小麦和玉米苗期等大田作物的灌溉，丘陵坡地坡度不大，拟采用半固定式形式，一般分二级布置。

（2）为便于运用管理，以支管为单元实行轮灌。

（3）地埋管深度要满足机耕和防冻要求。

（二） 管网布置

（1）干管布置：为系统安全考虑，干管选用硬 PVC 管，并埋于地下，一般垂直于作物种植方向。干管上每隔 18m 留一支管位置。

（2）支管布置：为节省投资，支管选用移动式铝合金管，一般沿等高线（顺作物种植方向）布置。

（三） 控制装置

为了系统安全方便，首部建泵房，水泵、电机、逆止阀、闸阀等均布置在泵房内，管网最高处设排气阀，支管的进口位置设置闸阀。

四、 喷灌工作制度

（一） 喷头在一个位置上的喷洒时间

喷头在工作点上的喷洒时间与灌水定额、喷头参数和组合间距有关，可按式（2-3）进行计算，代入数据，经计算：t 为 4.86h。

（二） 喷灌系统日工作时间的确定

根据喷灌规范要求，半固定式喷灌系统日工作时间不易少于 10h，现取为 12h。

（三） 喷头每日可喷洒的工作点数

考虑半固定式喷灌系统现有备用支管，拆装和移动支管不占用喷灌作业时间，则用式（2-4）进行计算，代入数据，经计算：$n=2.47$，取 $n=3$。

（四） 每次同时喷洒的喷头数

因喷灌区为提水灌溉，初选 BW 型水泵额定出水量为 36m³/h，扬程为 56m，则同时工作的喷头数为 11。

五、 喷灌水力计算

（一） 干管管径选择

根据规划布置的干管长度和拟定的灌溉制度计算干管流量，先用经济管径法计算初选，最后经水力计算并参考管材规格确定。

干管管径可按式（2-6）进行计算，Q 为 36m³ / h，代入数据，经计算：$D_干$ ＝78mm，选用ϕ90mmPVC 管材。

（二） 支管管径选择

根据规划布置的支管，选取最长一条，进行水力计算，并按规范要求保证支管的水头损失不大于喷头正常工作压力的 20%，参考管材规格确定支管管径。支管全部选用ϕ75mm 铝合金管道。

（三） 管道沿程水头损失计算

管道沿程水头损失可按式（2-7）进行计算。干管长 $L_干$＝280m，支管长 $L_支$ ＝200m，代入数据，经计算：$h_{f支}$＝4.7m，$h_{f干}$＝9.5m。

（四） 局部水头损失计算

为简化计算，局部水头损失按沿程水头损失的 10%进行估算，即为 1.42m。

六、 水泵选型

（一） 扬程计算

选取喷灌系统运行不利状态为典型，按式（2-9）进行计算。其中，典型喷点的管高度 h_s 取 1.5m；喷头的设计工作压力 h_p 为 0.3MPa；各级管道的阻力损失 $\sum h_w$ 为 15.6m；计算点地面与水库水位之间的高差 Δh 按 8m 计，代入数据，经计算：典型地块喷灌系统水泵扬程为 55.1m。

（二） 水泵流量计算

根据同时工作的喷头数来确定，即水泵流量为 36m³ / h。

（三） 水泵选择

根据设计扬程和设计流量，查水泵手册，选择 Z36－63 型水泵，其扬程为 63m，流量为 36m³ / h，配套功率为 10kW。

七、 材料用量及投资估算

喷灌系统主要材料设备用量见表 2-4。

表 2-4　典型区喷灌系统主要材料设备用量（10hm²）

名称	规格	单位	数量
水泵	Z36－63	套	1
PVC 管	ϕ90	m	740
铝合金管	ϕ70	m	450
闸阀	ϕ80	个	3
截止阀	ϕ75	个	26
逆止阀	ϕ80	个	1
三通	ϕ90×75	个	26
三通	ϕ90×90	个	2
弯头	ϕ75	个	2
支架		套	24
竖管	ϕ25	m	36
喷头	ZY－2	套	24
接头	ϕ25	个	24
接头	ϕ75	个	10
直通	ϕ90	个	5
堵头	ϕ75	个	4
配电盘		套	1
泵房		间	1
其他			
合计			

第六节　工程施工与安装

喷灌工程的施工要求专业化程度很高，工程一般针对性强，需要因地制宜地进行施工。喷灌工程相对一般的田间灌溉工程，其工作压力较高，系统首部控制较复杂，隐蔽的管道工程较多，喷头的安装调试要求较高，而且工程施工工期短，季节性和作物生长因素多，因此喷灌工程的施工一定要提高认识，严格要求，抓好质量关。喷灌工程的施工直接影响工程使用和效益的发挥，很多工程失败的主要原因就是施工质量不过关，导致在应用中问题频繁发生，严重地影响了农民对喷灌工程使用的积极性。

我国近年来大力普及喷灌工程，不论是规划设计还是施工，都积累了丰富的经验，可供参考的工程实例也很多。只要提高认识，紧抓质量，严格施工程序，就会取得较好的施工质量。不同的喷灌工程差异很大，但施工要求大同小异，现针对固定式喷灌工程进行说明，其他可参照进行。施工程序主要包括施工准备与部署、测量放线、管沟开挖、水源首部安装、管道安装、喷头安装、试水试压、管沟回填及附属工程等。

一、施工准备与部署

施工前需熟悉工程内容，明确工程目标，组织有经验的人员对工程进行监督与检查，规模大的可以聘请专业监理人员进行监理，并对施工的主要人员进行技术培训；对工程概况、设计图纸、设计说明、施工技术要素和质量标准进行明确，并对施工员进行责任分工。

要求施工人员对施工进度、施工工期、施工质量、文明施工及施工管理等进行落实并形成文件合同等，并对施工人员、施工机械及专用施工设备进行准备。

二、测量放线

测量放线是把设计方案落实到实地的第一步，也是关键的一步。首先在现场找到标志点，测量控制网，标出主要控制物的中轴线及轮廓线。需要准备好测量仪器，如经纬仪、水准仪等，还需要配备专业的测量人员，成立专门测量小组，由项目技术负责人负责。

管道的测量放线要密切结合实际情况，明确管道的起点、终点、交叉点及转折点等，在实地定出三通、弯头、阀门、喷头立管、阀门井、排水井及镇墩等的位置。需要先在地上放出管道中线，再放出开挖边线并撒灰标明，操作顺序为：基准点确认—中线并打桩—边线并打桩。管沟的开挖由于地形的起伏不平造成开挖深度的不同，但要保证沟底高程符合设计要求，而埋深也不得小于控制性埋深尺寸。

三、 管沟开挖

管沟开挖必须严格按照管线设计线路进行正直平整开挖，不得任意偏斜曲折。管沟开挖应视土壤性质，做适当的斜坡，以防止崩塌及发生危险，如挖至规定的深度，当发现砾石层、石层或坚硬物体时，需加挖深度10cm，以便于配管前之填砂，再进行放置PVC－U管。土质较松软之处，应视情形做挡土设施，以防崩塌，管沟中如有积水，应予抽干，才可排管。传统管道安装的管沟开挖只要求能把管道放入管沟和能进行封口即可，在没有松动原有土层时，可不用加压夯实垫层，而在有特殊要求的喷灌工程中，特别是园林绿化中或土质不好的地区，管沟底部要求回填10cm厚不含硬物的砂土或细壤土，管道的侧面和上面均要求回填不含硬物（尤其是不能有带尖锐角的硬物）的砂土或细壤土，管道上面回填的砂层厚度要达到20～30cm，然后放其他回填土。回填土要求分层回填，以保证管底和管侧面回填土的密实性，从而防止管道受力不均匀所引起的变形、接口破坏和漏水等。管沟挖出的土方可堆置管沟两旁，但不得妨碍通行。

管沟验收：管沟挖好后，应用水准仪对沟底高程进行自检，并对平整度和宽度进行查验，必要时需请监理进行验收，验收合格后方可进行下道工序。

四、 水源首部安装

水泵及动力机的安装需明确安装要求，严格按照相关专业设备安装说明进行安装。喷灌首部如果布置有控制装置、量水装置及安全保护装置设备等，需详细了解各设备的使用及安装说明，并按要求进行安装和调试。如图2-8所示为喷灌首部布置示意图。

五、 管道安装

管道安装是喷灌工程中的主要施工项目，也是工程量最大的项目。详细了解喷灌系统管道安装的基本要求，熟悉管道安装的施工方法，对保证工程品质，按期完成施工责任十分必要。

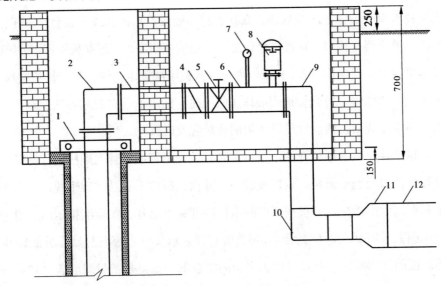

1—水泵管卡；2—弯管；3—穿墙管；4—逆止阀；5—闸阀；6—功能短管；

7—压力表；8—进排气阀；9—法兰弯管；10—弯头；11—变径管；12—地埋干管

图 2-8 喷灌首部布置示意图

硬聚氯乙烯管道的对接方法有冷接法和热接法。虽然这两种方法都能满足喷灌系统管网设计要求和使用要求，但因为冷接法无须加热装备，便于现场操作，故广泛用于绿地喷灌工程。依据密封原理和操作方法的不同，冷接法又分为胶合承插法、密封圈承插法和法兰衔接法，不同衔接方法的适用条件及选用的衔接条件亦不相同。因此，在选择衔接方法时，应依据管道规格、设计工作压力、施工环境以及操作人员的技巧程度等因素综合考虑，合理选择。

管道铺设应在槽床标高和管道品质检查合格后进行。管道的最大承受压力必须满足设计要求，不得采用无检测实验报告的产品。铺设管道前要对管材、管件、密封圈等重新进行一次外观检查，有品质问题的均不得采取。在日夜温差变化较大的地区，刚性接口管道施工时，应采取避免因温差产生的应力而损坏管道及接口的办法。胶合承插接口不宜在低于 5℃ 的气温下施工，密封圈接口不宜在低于 −10℃ 的气温下施工。

管材应平稳下沟，不得与沟壁或槽床强烈碰撞。通常情况下，将单根管道放入沟槽内粘接。在安装法兰接口的阀门和管件时，应采取避免造成外加拉应力的办法。口径大于 100mm 的阀门下应设支墩。管道在敷设进程中能够适当曲折，但曲率半径不得小于管径的 300 倍。在管道穿墙处应设预留孔或安装套管，在套管领域内管道不得有接口，管道与套管之间运用油麻堵塞。管道穿梭铁路、公路时，应设钢筋混凝土板或钢套管，套管的内径应依据喷灌管道的管径和套管长度判别，以便于施工和维修。每天管道安装施工收工时，应采取管口封堵办法，避免杂物进入。施工完成后，敷设管道时所用的垫块应及时拆除。

管道连接应从水源处开始，按由前到后、先主管后支管的顺序进行施工。粘接时须将插口处倒小圆角，以形成坡口，并保证断口平整且垂直轴线，并将两端的黏和面用砂纸擦拭，并根据所需的承接深度刻上记号，在两端指定面上用毛刷均匀地刷上专用 PVC－U 黏合剂，再将管材插入承接口，直到记号线，并旋转 90°，将黏和面的气泡除去，并及时擦去多余的黏合剂。如果是密封圈承插口 PVC－U 管材，只要注意将密封圈较厚的一侧放在里面就行了，也可在需插入的管材上刷上肥皂水，以加强润滑度，但安装时需密切注意密封圈的位置，如有移动，则需要重新安装，以防漏水。

六、 喷头安装

喷头的安装需要注意的是喷头位置、高度及其稳定性，在必要时还需增加镇墩进行加固，以防止摆动造成喷洒的不均匀。喷头立杆必须保持竖直，高度需要满足灌溉作物的要求，如果是地埋式伸缩喷头，喷头的顶部应和地面相平。如果灌溉的是高秆作物或灌木作物，则需在喷头立杆上增设支架进行固定，太高时还需在中间增加可拆卸装置或控制阀门。喷头安装完毕后需要对喷头喷射角度进行调整，有的绿化专用喷头还需对仰角和射程等进行调整，也可以聘请专业人员进行调整。如图 2-9 所示为喷头及管件安装示意图。

七、 试水试压

开启喷灌系统时，先打开水泵并将主阀门慢慢打开，以免瞬间压力过大，造成管道系统及喷头的破裂。

应经常检查水源情况，保持水源的清洁，特别是要检查水源的过滤网是否完好，以免砂粒进入管道系统，造成喷头堵塞。另外，在管内水流产生推力的位置，如弯头、三通及管端封板处等，都应设置镇墩，以承受水流的推力。

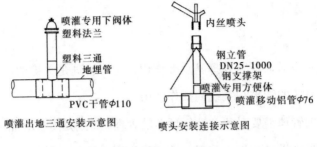

喷灌出地三通安装示意图　　　　喷头安装连接示意图

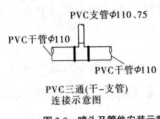

图 2-9　喷头及管件安装示意图

当喷灌工程较大时，为了让施工面及时得到恢复，且不影响其他专业施工，需要对工程采取分段试压的方式，试压一段恢复一段。试压介质为净水，试压时应将管内空气排尽，并缓缓升压，达到试验压力后，保持 30min，以无压降为合格。试压段之间的接头处不回填并做好标记，留待最终验收时检查。

八、　管沟回填及附属工程等

管道试水试压结束后，没问题的部分就可以进行回填，有监理时需请示监理后进行回填。

回填时，如原管沟的挖方为沙或沙土，即以原挖出沙或沙土回填；如原挖方为土石方，则管底一律填 10cm 厚的沙，管顶亦要填沙 10～30cm 厚，然后上方覆土，如以原挖出的沙或沙土回填，管顶 30cm 厚内，不得有石块等杂物。当管沟有水时，回填前应先予排除。沙和土回填后，应分层夯实。每层厚为 20～30cm。

回填结束后，可以进行附属工程的施工，如泵房、镇墩、阀门井、排水井及穿路设施等，需要严格按设计要求进行施工。

第七节　运行管理

喷灌系统建成后，能否发挥其重要作用，运行管理是关键的。运行管理主要需要注意工程系统的管理和系统的操作使用。

工程系统的管理需要对各个运行环节的管理，特别是专业设备（如电气设备、进排气设备、喷洒设备）进行管理，还应加强用水管理、财务管理、设施维护开支等项目的管理。

工程系统操作使用专业性比较强，需要专人进行管理。

（1）制定合理的发展规划和灌水制度，成立专门的管理机构或明确专管人员，制定运行操作规程和管理制度；操作人员应培训后上岗。

（2）灌水前，要检查设备的完整性，再将要灌溉的喷头打开。

半固定式喷灌需将给水栓上栓体与田间地上下栓体快速连接，再将移动支管与三通立管快速连接，最后一个喷头立管与末端堵管连接，并固定好支架，稳定喷头。田间喷灌支管安装好后，打开下栓体。

（3）启动水泵，打开首部控制闸阀，观测首部压力，正常情况下，对首部压力进行控制，当压力过大时，应适当关闭首部闸阀。

（4）在更换轮灌区时，需要先打开下一组轮灌区的控制阀门，再关闭上一组轮灌区的阀门。半固定式喷灌为了提高喷灌效率，每个系统需要配备两套喷灌支管，每次只开一套支管，等第一套支管灌完后，应先打开第二套支管，再关闭第一套支管。

（5）当压力过低时，可能是水泵供水量不足，应检查水泵是否运行正常，电网电压是否偏低，机井水位是否下降，涌水量是否不足等，并及时处理。

（6）灌水完毕，应先关闭水泵电源，然后关闭田间控制阀或给水栓下栓体。

（7）灌水结束后，应将移动管道等冲洗干净晾干收盘，将喷灌竖管三通等收捆好并入库保管，以备下次灌水时使用。

（8）长期不需灌溉时，应把地面可拆卸的设备收回，经保养后妥善保管。

（9）在冻害地区，冬季应在最后一次灌水后打开泄水阀放空管道。（10）应根据管理制度，定期检查工程及配套设施的状况，并及时进行维护、修理或更换。

第三章　微灌工程技术

我国幅员辽阔，自然条件差异性很大，包括干旱区、半干旱区、半湿润区和湿润区。在降水量少的地区，由于水资源量的不足，急需发展节水灌溉技术；而在降水量充沛的地区，由于降水时空分布不均，季节性干旱时有发生，发展节水灌溉进行补充性灌溉也十分必要。微灌是一种最省水而且灌溉效果显著的先进的节水灌溉技术。近年来，微灌技术已得到了越来越广泛的应用。

第一节　微灌技术简介

我国现代微灌技术的发展主要是在引进、消化技术的基础上，从无到有，逐步被人们认识和接受的。首先引进的是滴灌设备，这以后国内对滴灌进行了重点研究，取得了不少成果和经验。随后，微喷灌也得到了较快的发展。随着制造水平的提高和材料的改进，渗灌管的性能和质量有了一定的提高。最近几年，由于国家的重视和实际的需要，各地大力发展节水灌溉，微灌在我国进入了快速增长阶段。

微灌是将有压水输送分配到田间，通过安装在末级管道上的特制灌水器，将水和作物生长所需的养分以较小的流量，均匀、准确地直接输送到作物根部附近的土壤表面或土层中的一种灌水技术。微灌主要包括滴灌、微喷灌、涌泉灌和渗灌。与传统的地面灌溉和喷灌相比，微灌只以少量的水湿润作物根区附近的部分土壤，因此又叫局部灌溉技术。

与传统的灌水方法相比，微灌技术具有以下优点：

（1）省水。微灌能适时适量地按作物生长需要供水，较其他灌水方法，水的利用率高。一般比地面灌溉省水 30%～50%，比喷灌省水 15%～20%。

（2）节能。微灌的灌水器一般在低压条件下运行，其工作压力为 50～150kPa，有的甚至更低，这就大大降低了能耗，节省了能源，而灌水利用率高，对提水灌溉来说，也意味着减少了能耗。

（3）灌水均匀。微灌系统灌水器的出水量能够有效地控制，灌水的均匀度高，均匀度一般可达 85%～95%。

（4）增产。微灌能适时适量地向作物根区供水供肥，由于水量是微量灌溉，所以不会造成土壤板结，为作物的生长提供了良好的条件，因而保证了作物的高产、稳产，并有效提高产品质量。实践证明，微灌较其他灌水方法一般可增产 20%～30%。

（5）对土壤和地形的适应性强。微灌系统的灌水速度可快可慢，对于不同土质的土壤，可采用不同的灌水速度，这样既能使作物根系层经常保持适宜的土壤水分，又不至于产生深层渗漏。由于微灌是压力管道输水，不一定要求对地面进行平整，适用于山丘、坡地和平原等地形。

（6）节省劳力。微灌系统不需平整土地、开沟打畦，可实行自动控制，大大减少了田间灌水的劳动量和劳动强度。

第二节　　微灌形式的选择

一般按灌水器的形式进行分类，微灌主要分为以下 4 种形式：

（1）滴灌，是滴水灌溉的简称。它是通过安装在毛管上的灌水器，将水一滴一滴、均匀而又缓慢地滴入作物根区土壤中的一种灌水方式。

（2）微喷灌，简称微喷。它是介于喷灌与滴灌之间的一种灌水方法。采用低压管道将水送到作物根部附近，通过微喷头将水喷洒在土壤表面或作物上面进行灌溉。

（3）涌泉灌，简称涌灌，亦称小管出流灌。它是通过安装在毛管上的涌水器或微管形成小股水流，以涌泉方式涌出地面进行灌溉。

（4）渗灌。它是通过埋在地表下的管网和渗灌灌水器进行灌水，水在土壤中缓慢地湿润和扩散湿润部分土体，属于局部灌溉。

一、 滴灌

滴灌（见图3-1）是用小塑料管将灌溉水直接送到每棵作物根部的附近，水由滴头慢慢滴出，是一种精密的灌溉方法，只有需要水的地方才灌水，可真正做到只灌作物而不是灌土地，而且可长时间使作物根区的水分处于最优状态，因此既省水又增产。但其最大缺点就是滴头出流孔口小，流速低，堵塞问题严重。对灌溉水源一定要认真地进行过滤和处理。目前，我国只注意到防止物理堵塞，而同样严重的生物堵塞和化学堵塞问题尚未引起足够的重视。

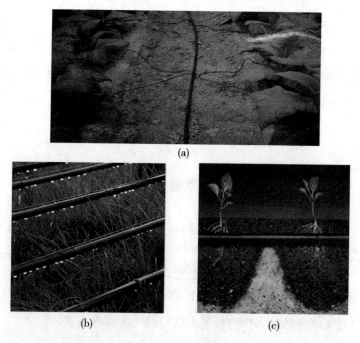

(a)

(b)　　　　(c)

图 3-1　滴灌示意图

其适宜应用范围：由于其对水质要求严格，水源处理较复杂，相对单位造价较高，所以在经济类作物普及较广，如温室大棚蔬菜、瓜果、棉花等高价值大田作物。在严重缺水地区的小麦等常规作物也得到了广泛应用。滴灌根据作物的要求和工程投资的需求又可按不同布置形式进行布置，主要有固定式地面滴灌、半固定式地面滴灌、膜下灌、地下滴灌等形式。

（一） 固定式地面滴灌

一般是将干管、支管埋在地下，附管、毛管和滴头等布置在地面上，但都是固定的，整个灌水季节都不移动，作物收获时地面部分收回保存，下个季节再进行布置。其优点是节省劳力，由于布置在地面，施工简单而且便于发现问题（如滴头堵塞、管道破裂、接头漏水等）；其缺点是毛管用量大，造价较高，毛管直接受太阳暴晒，老化快，而且对其他农业操作有影响，还容易受到人为的破坏。

（二） 半固定式地面滴灌

为降低单位面积投资，只将干管和支管固定埋在田间，附管、毛管及滴头都是可以进行移动的，按作物的轮灌区进行移动，一般布置2～3套灌水设施进行轮作。其投资仅为固定式的50%～70%。但这样增加了移动毛管的劳力，而且易于损坏。

（三） 膜下灌

在地膜栽培作物的田块，特别是近年来的大棚蔬菜，可以将滴灌毛管在地膜铺设前布置在地膜下面，这样可充分发挥滴灌的优点，不仅克服了铺盖地膜后灌水问题，而且增加了灌溉水利用率，大大减少了地面无效蒸发。如在日光温室内，大幅度降低了棚内的湿度，减少了病虫害的发生。

（四） 地下滴灌

地下滴灌是将滴灌干管、支管、毛管和滴头全部埋入地下进行浸润性灌溉，这样可以大大减少对地面耕作的干扰，也避免人为的破坏和太阳的辐射，减慢老化，延长使用寿命。其缺点是不容易发现系统的事故，而且滴头容易受土壤或根系以及其他生化物质的堵塞。

二、 微喷灌

微喷灌简称微喷，也有人称为雾灌。与滴灌相似，但由于微喷头出流孔口大，流速高一些，流量大一些，比滴头的抗堵塞性明显增强。但随着流量的加大，毛管的管径也变大或铺设长度变小，在每棵作物或树下装1～2个微喷头一般即可满足灌溉的需要。微喷头仍有堵塞问题，对水质的过滤问题也不能忽视，也要给予足够的重视，每公顷造价与固定式滴灌相近。

微喷灌主要适用于温室花卉、食用菌及蔬菜等（见图3-2），大田作物特别适用于灌溉果园等根系较深、灌水量稍大和对景观性有一定需求的作物。但是在温室（或大棚）内使用微喷灌会大大提高室内的空气湿度，对于湿度敏感性强的作物，如黄瓜等，则需要采用滴灌形式。近年来，我国微喷灌设备生产逐渐完善。微喷灌面积的发展很快，是一种很有发展前途的节水灌溉技术。

图 3-2　微喷灌在果树和烟叶花卉中的应用

三、 涌泉灌

涌泉灌在国内也称为小管出流灌溉，是为解决滴灌系统的堵塞问题，利用直径 4mm 的 PE 小塑料管作为灌水器代替滴头进行灌溉的。灌溉水以细流状出水，加大了灌水量，减少了堵塞问题。涌泉灌也属于局部湿润灌溉，通过湿润作物附近的土壤，而不影响其他土壤。这种灌溉技术抗堵塞性能比滴灌、微喷灌高。但随着流量的加大，与微喷灌相似，毛管的管径也变大或铺设长度也变小。自 20世纪八九十年代开始，小型流量调节器的研制与生产普及，使管网前后虽有压差但流量的变化却达到了控制，工程的布置大大优化，促进了涌泉灌大范围的推广与应用。小管出流的流量一般为 10～50L／h。对于高大果树，通常围绕树干挖环状渗水小沟，以分散水流，均匀湿润果树周围土壤。为增加毛管的铺设长度，减少毛管首末端流量的不均匀性，从而降低流量调节器流量，使单位面积工程造价也达到大幅度减少。涌泉灌适宜应用范围主要是果树及其他林果类经济作物等，见图 3-3。

图 3-3　涌泉灌在果树中的应用

四、 渗灌

渗灌与地下滴灌的布置设计都相似，只是用渗水头代替滴头，或用渗灌管直接代替地下滴灌毛管全部埋在地下，灌溉水通过渗水头或渗灌管慢慢渗流出来，以浸润附近的土壤，这样渗水头不容易被土粒和根系所堵塞。最近从国外引进采用废轮胎加工成的多孔渗流管，降低了渗灌管的造价，有利于渗灌技术的推广与应用。由于渗灌能减少土壤表面蒸发，从技术上来讲，是用水量很省的一种微灌技术，但目前渗灌管经常遭受堵塞问题困扰，在大田大面积推广的还比较少。

第三节　工程规划与布置

一、　资料收集与灌水形式的选择

微灌系统的规划首先要符合国家和地方节水工程规划，合理选择灌溉方式。规划前需要实地进行调查、勘探，获取规划所需的基本资料。

（1）首先要明确地理位置，最好有长期规划图及区域地形图等资料。

（2）要明确灌溉区的经纬度、海拔高度，自然气候条件，配套设施等。最好有详细的地块地形布置图，比例尺为 1∶500～1∶2000。还要了解灌溉区域的水源、道路、动力、居民区等的位置，要在图上进行标注。

（3）收集灌区水文气象资料，包括多年逐月降水量、暴雨资料、月蒸发量、气温、温度、湿度、风速、日照、积温、无霜期、冻土层深度等。

（4）收集工程地质及土壤特性等资料，包括土层情况、土壤类型、含盐量、pH、田间持水量、给水度、入渗速率等资料。

（5）农作物资料，包括作物种植情况分布，作物种类，种植方式，种植的株距、行距、密度、生长季节、管理要求、需水规律等。

（6）水源情况，包括可利用的水源（井、河、渠、湖、塘、水库）、水质、水量及供水时间等。

通过以上调查资料的收集和分析，对比分析可选择的灌溉形式及其优缺点，比较后确定微灌的形式。

二、　微灌系统的组成

微灌系统由水源，首部控制枢纽，水质过滤处理系统，其他流量、压力控制等特殊装置，输配水管网和灌水器等组成，如图3-4所示。

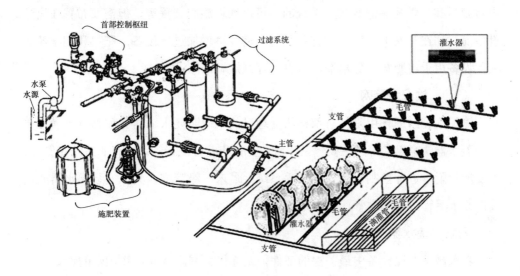

图 3-4　微灌系统示意图

（一）　水源

河流、渠道、湖泊、水库、井、泉等均可作为微灌水源，但其水质需符合微灌要求。要尽量选择水质好的水源，可以减少水质的处理，对工程的造价与后期运行管理影响很大。

（二）　首部控制枢纽

首部除自压微灌外，需要加设水泵、动力机等水源加压设施，还要有控制阀、进排气阀、压力、流量观测仪表等。微灌常用的水泵有潜水泵、深井泵、离心泵等，动力机可以是柴油机、电动机等。

（三）　水质过滤处理系统

由于微灌对水质的要求较高，所以微灌系统一般都需布置过滤设备，用于将灌溉水中的固体颗粒及悬浮物等杂质进行过滤，避免污物进入系统，造成系统堵塞。在利用地表水源或含砂量很大的水源时，应修建蓄水池和沉淀池。沉淀池用于去除灌溉水源中的大固体颗粒。过滤设施主要有砂石过滤器、叠片过滤器、网式过滤器、水砂分离器等。可以根据水源情况及灌溉要求进行合理选择。

（四）　其他流量、压力控制等特殊装置

主要对灌溉要求较高的系统布置流量、压力控制设施，如水表、流量控制阀、压力控制阀等，可以布置在系统首部，也可在管网的合理位置进行布置。如灌溉中对肥料和化学药品需要注入系统的，可以增设施肥装置等，但需要布置在过滤设备前，如在管网上布置，则施肥装置后需要再增加过滤设备。肥料和化学药品注入设备用于将肥料、除草剂、杀虫剂等直接施入微灌系统。

（五） 输配水管网

输配水管网的作用是将首部枢纽处理过的水按照要求输送分配到每个灌水单元和灌水器，输配水管网主要包括干管、支管和毛管三级管道，有的系统布置时，需要加设附管进行控制。毛管是微灌系统的最末一级管道，其上安装灌水器或直接为灌水毛管，如滴灌管、滴灌带等。

（六） 灌水器

灌水器是微灌设备中最关键的部件，是连接管网直接向作物供水的设备，其作用是削减压力，将水流均匀地施入作物根部的土壤。主要包括滴头、滴灌带、滴灌管、微喷头、流量调节器、渗灌管等。

三、 系统整体布置

水源情况和地形情况对整个灌溉区域是很重要的，但大部分情况是固定的，可选择的余地不大。只能对布置位置、工程规模进行合理规划。

首部控制设施及流量、压力控制设备需要根据生产需要，以及作物对水质、压力的需要进行布设，一般过滤设施是必不可少的。

输配水管网系统布置。管网系统一般分为干管、支管、毛管三级，当灌水系统面积很小时，也可分为支管、毛管两级。毛管一般沿作物种植行进行布置，其长度根据控制的流量进行计算，管径的选择以工程造价最优为原则。一般地，支管垂直于干管，毛管又垂直于支管布置，在地形特殊需要增加管网时，为方便控制，可以在支管与毛管间增加副管进行控制。

山区或丘陵区的微灌系统在遵守一般原则的情况下，还应因地制宜地进行布置。一般是干管沿山脊或灌区上侧的等高线进行布置，支管则需垂直于等高线布置，尽量沿山脊向下布置，避免逆水布置。毛管则尽量沿平行于等高线方向布置，减少布置过程中的起伏，特别是向上布置，应尽量使同一条毛管上的灌水器压力流量均匀。

四、 设备与灌水器的选择

灌水器把末级管道毛管的水均匀地灌到作物根区土壤中，其选择是保证灌溉均匀度关键的一步，质量的好坏直接影响微灌系统的寿命及灌水质量的高低。灌水器出水形式、结构等可分为多种，主要有滴头、滴灌带（管）、微喷头、微喷带、流量调节器、渗灌管等。此供规划设计时参考。

（一） 滴头

通过孔口或流道将毛管中的压力水流变成水滴状，供给根系附近土壤的装置称为滴头。目前，主要应用于工程中的滴头形式有孔口滴头、压力补偿型滴头、发丝滴头等，如图3-5所示。

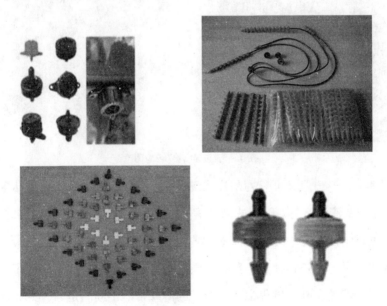

图3-5 压力补偿滴头、孔口滴头及滴箭

（1）孔口滴头：属于非压力补偿滴头，其流量随压力的提高而增大，一般为8～20L／h。现在也有的滴头内设计为消能流道，但调节性能较差。

（2）压力补偿型滴头：其流量不随压力变化而变化或变化很小，但需要有一定的工作压力，即在一定的水流压力的作用下，压力补偿才起作用，滴头流道内设计有弹性片，可以改变流道形状和过水断面面积，当压力减小时，增大过水断面面积，当压力增大时，减小过水断面面积。这样就基本保证了滴头出流稳定。

（3）发丝滴头：是通过ϕ0.4mm 的 PE 发丝管对毛管水流压力进行消能，布置时靠近首部的发丝管长，越靠后布置的管越短，可基本保证前后出流的均匀性。但其施工量较大，主要用于育苗中盆栽类植物灌溉。

（4）滴箭：是滴灌中常用的一种灌水器，因其外形似箭而命名，具有迷宫长流道，稳流效果好，出水均匀的特点，可根据需要定制出一分二、一分四，甚至一分八的结构，特别适用于密集盆栽、立体栽培的花卉、苗木等。

（二） 滴灌带（管）

滴灌带（管）是将滴头与毛管制造成一个整体，通过设备一次成型的灌水器，兼具配水和滴水双重功能，如图 3-6 所示。

图 3-6 滴灌带（管）示意图

滴灌带（管）一般又可分为贴片式滴灌管、柱状式滴灌管、薄壁压条式滴灌带、薄壁压边式滴灌带等。贴片式滴灌管、柱状式滴灌管又统称为内镶式滴灌管，在其制造过程中，将预先制造好的滴头镶嵌在毛管内，区别只是滴头的形式不同，一种是片式，另一种是管柱式。薄壁压条式滴灌带、薄壁压边式滴灌带又统称为薄壁滴灌带，都是在制造过程中一次成形的薄壁带，不同的是，一种是滴水条贴在管内侧，而另一种则是在一侧压合出不同形状的流道进行灌溉，灌溉水通过流道以滴流的形式湿润土壤。

（三） 微喷头

微喷头是将压力水流以细小水滴喷洒在土壤表面的灌水器。微喷头的喷水形式近似于喷灌，而流量远远小于喷头，一般微喷头的喷水量为 50～200L／h，射程一般小于 5m。按照结构不同，微喷头又分为旋转式、折射式两种。

（1）旋转式微喷头（见图 3-7）：水流从喷水嘴喷出后，集中成一束向上喷射到旋转体上，旋转体上有设计好的不同形状的流道，通过流道后水流按一定的方向和仰角喷出，而在水流经过旋转体时水流的反作用力使旋转体沿旋转中轴进行旋转，从而使喷射出来的水流快速旋转，以达到灌水的均匀喷洒。旋转式微喷头最少由三个零件构成，即喷水嘴、旋转体、支架等，一般都是增加了接头、软管、支架（重锤）等成套使用。旋转式微喷头喷洒的半径一般为 3～5m，其有效湿润半径较大，喷水强度较低，由于有运动部件，加工精度要求较高。

图 3-7　旋转式微喷头

（2）折射式微喷头（见图 3-8）：折射式微喷头的主要部件有喷嘴、折射体和支架，水流由喷嘴垂直向上喷出，遇到折射体即被击散成薄水膜向四周射出，雾状的细微水滴散落在四周地面上，所以也称为雾灌。折射式微喷头的优点是水滴小，雾化程度高，结构简单，没有运动部件，工作可靠，价格便宜。尤其适用于要求湿度高的食用菌和育苗时使用。另外，结合排风设施在家禽饲养中做降温设备，也有广泛的应用。

（四）　微喷带

微喷带（见图 3-9）又称为多孔管、喷水带等，是在塑料软管上采用机械或激光直接加工出水小孔，通过小孔进行微喷灌的设备。如图 3-9 所示微喷带的工作水头为 100～200kPa。

图 3-8　折射式微喷头

图 3-9　微喷带

（五）　流量调节器

通常在毛管上安装流量调节器（见图 3-10），以保证每个灌水器流量的均匀性，然后通过 4mm 的 PE 小塑料管进行灌溉。它的工作水头要求较低，孔口大，不容易被堵塞。流量调节器的工作原理和压力补偿式滴头相似，即在一定的水流压力的作用下，才能开始工作，滴头内流道内设计有弹性片，可以改变流道形状和过水断面面积，当压力减小时，增大过水断面面积；当压力增大时，减小过水断面面积，以此达到调节流量的目的，流量一般为 10～60L／h。

图 3-10　流量调节器

（六）　渗灌管

渗灌管是用废旧橡胶和 PE 塑料混合制成的，其管壁有无数个微小孔，可以向外渗水，使用中常将渗灌管埋入地下，是非常省水的灌溉技术。但其堵塞问题很难解决，大面积的推广还不多。

五、　首部设备

首部设备主要由取水阀、止回阀、进排气阀、计量装置、压力控制器、施肥装置、过滤器等部分组成，如图 3-11 所示。

（一）　取水阀

取水阀一般起打开水源和关闭水源的作用，常用的取水阀类型有闸阀、蝶阀、球阀等，如图 3-12 所示。

（二）　止回阀

止回阀（见图 3-13）也叫逆止阀或单向阀，控制水流只能沿一个方向流动。当水源停止供水时，用于防止含有肥料的水倒流进水源，还可防止水流倒流引起水泵叶轮倒转，进而保护水泵。

（三）　进排气阀

进排气阀（见图 3-14）也叫空气阀，一般安装在微灌系统的最高处，用于放出管网中积累的空气，防止管道发生震动破坏，在系统需要泄水时，起到进气作用。

（四）　计量装置

计量装置一般包括水表、流量计、压力表等。水表（见图 3-15）是微灌工程中常用来计量管道输水流量大小和计算灌溉用水量。但水表的水头损失较大，在计算中一定要进行考虑，或使用加大一级管径的水表。

（五）　压力控制器

压力控制器的作用是在管道压力过大或压力不稳时调节压力。特别是灌区较大、压差较大或在山区自压灌溉时进行调节压力。

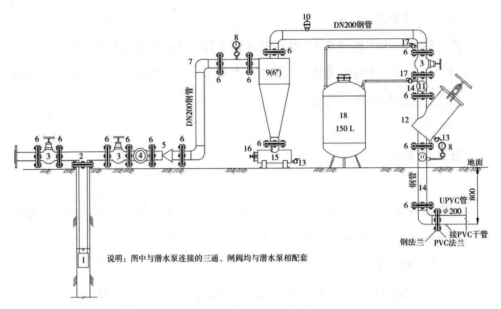

说明：图中与潜水泵连接的三通、闸阀均与潜水泵相配套

1—潜水泵；2—三通；3—闸阀；4—水表；5—逆止阀；6—钢法兰；7—弯管；

8—0～1MPa 压力表；9—离心过滤器；10—排气阀；11—多通连接管；12—120 目网式过滤器；

13—清洗口；14—出水口；15—集砂罐；16—排砂口；17—施肥口；18—施肥罐

图 3-11　微灌首部示意图

图 3-12　取水阀

图 3-13　止回阀

图 3-14　进排气阀

图 3-15　计量水表和压力表

（六）　施肥装置

微灌系统中常用的施肥装置有压差式施肥罐、文丘里施肥器、施肥泵等，如图 3-16 所示。

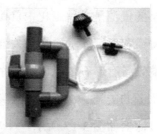

图 3-16　施肥装置

（1）压差式施肥罐由储液罐、进水管、出水管、调压阀等几部分组成。压差式施肥罐施肥工作原理与操作过程是待微灌系统正常运行后，首先把可溶性肥料或肥料溶液装入储液罐内，然后把罐口封好，关紧罐盖。打开进水阀门和出水阀门，此时肥料罐的压力与灌溉输水管道的压力相等。在需要施肥时，则调节管道系统上的施肥阀，使其过流量减小，形成前、后压差，从而为使灌溉水通过储液罐再进入管道，进行施肥。压差式施肥罐的优点是加工制造简单，成本较低，不需外加动力设备。缺点是溶液浓度变化大，无法实时控制，通过施肥罐时水头损失较大。

（2）文丘里施肥器。文丘里施肥器可与开敞式肥料罐配套组成一套施肥装置。其构造简单，造价低廉，使用方便，主要适用于小型微灌系统。文丘里施肥器的缺点是如果直接装在骨干管道上注入肥料，则水头损失较大。

（3）施肥泵。施肥泵的特点：不用电驱动，以水压作动力，肥料的溶液剂量与进入设备的水量严格成比例，无论流经管路的流量和压力变化如何，注入的溶液剂量总是与流经水管的水量成比例，外部可灵活调节比例。

（七）　过滤器

微灌技术要求灌溉水中不含造成灌水器堵塞的污物和杂质，而实际上任何水源，如湖泊、库塘、河流和沟溪水中，都不同程度地含有污物和杂质，即使是水质良好的井水，也会含有一定数量的砂粒和可能产生化学沉淀的物质。因此，对灌溉水进行严格的过滤是微灌工程中首要的步骤，是保证微灌系统正常运行、延长灌水器使用寿命和保证灌水质量的关键措施。

常用的过滤设备有砂石过滤器、叠片式过滤器、筛网过滤器、离心过滤器等。主要根据灌溉水源的类型、水中污物种类、杂质含量以及工程造价等因素进行综合确定。各种过滤器如图 3-17 所示。

（1）砂石过滤器主要用于水库、塘坝、沟渠、河湖及其他开放水源，可分离水中的水藻、漂浮物、有机杂质及淤泥。砂石过滤器是通过均质颗粒层进行过滤的，其过滤精度视砂粒大小而定。其造价相对较高。

（2）叠片式过滤器的外形与筛网过滤器基本相同，其过滤芯是由无数张片状滤片叠在一起组成的，每片滤片上有流道，水从两个滤片之间的"缝隙"穿过，污物挡在滤片外周，从而达到过滤作用。

（3）网式过滤器是一种简单而有效的过滤设备，造价较低。筛网过滤器主要由进水口、滤网、出水口和排污冲洗口等几部分组成，安装时，应注意水流方向与过滤器的安装方向一致。筛网过滤器主要用于过滤灌溉水中的粉粒、砂和水垢等污物。如有机质较多，则尽量少用。

图 3-17　各种过滤器

（4）离心过滤器，主要用于含砂量较大时的初级过滤，其通过水流的离心作用将水流中砂子和石块沉入集砂罐进行沉淀过滤。净水则顺流沿出水口流出，即完成水砂分离。过滤器需定期进行排砂清理，时间按当地水质情况而定。

第四节　设计参数和灌溉制度

（1）设计日耗水强度。根据规划区作物种植情况，查阅资料或进行灌溉需水量试验结果进行确定。

（2）设计土壤湿润比。一般根据作物种植种类、植株的株行距等综合因素确定。

（3）设计灌水均匀度。根据规范要求，一般不低于 90%。

（4）灌溉水利用系数。根据规范要求，取 $\eta=0.9\sim0.95$。

（5）灌水定额的确定。

$$m=\frac{0.1\gamma ZP(\theta_{max}-\theta_{min})\blacklozenge}{\eta}$$ （3-1）

式中 m——设计灌水定额，mm；

γ——土壤容重，t／m³；

Z——计划湿润层深度，m；

P——设计土壤湿润比（%）；

θ_{max}、θ_{min}——适宜土壤含水量上、下限（重量%）；

η——灌溉水利用系数。

（6）灌水周期的确定。

$$T=\frac{m}{E}\eta$$ （3-2）

式中 T——灌水周期，d；

E——设计耗水强度；

其他符号意义同前。

（7）一次灌水延续时间的计算。

$$t=\frac{mS_rS_t}{nq\eta}$$ （3-3）

式中 t——一次灌水延续时间，h；

S_r——作物株距，m；

S_t——作物行距，m；

n——布置灌水器数；

q——灌水器流量，m³／h；

其余符号意义同前。

（8）灌溉工作制度的拟定。根据水源和作物种植情况，一般采用支管轮灌方式，即每次灌一条支管。

第五节　工程的设计与计算

一、管材的选择

目前，微灌系统绝大多数使用塑料管道，常用的有聚氯乙烯（PVC）、聚丙烯（PP）和聚乙烯（PE）管。在首部枢纽、穿路、高架等特殊情况也使用一些其他管道，如镀锌钢管等。可根据地质、地形、运输、供应情况、经济能力、使用环境等条件进行合理选择，但管材必须保证在规定工作压力下不发生开裂、爆管等现象，工作安全可靠。此外，还要求管材及附件价格低廉，使用年限长，内壁光滑，安装施工容易。

输水干管等一般埋于地下，可选用聚氯乙烯（PVC）塑料管，其造价相对较低，施工方便。在地形复杂或要求较高时，干管也采用聚乙烯（PE）管。聚氯乙烯管的管道连接主要有专用黏结剂连接和止水圈承插连接两种，一般情况下，管径小于110mm的用黏结剂连接，大于110mm的用止水圈承插连接。

支管一般采用聚乙烯（PE）管。依据树脂的密度，聚乙烯管可分为低密度聚乙烯管、中密度聚乙烯管和高密度聚乙烯管，其抗老化、抗晒、抗磨性能较好。目前国内主流市场上微灌系统主要用的是低密度聚乙烯管。PE管的管径可分为内径和外径两大类。

毛管则一般选用PE管材。

二、管径选择

（一）干管管径选择

根据规划布置的干管长度和拟定灌溉制度计算出干管流量，先用经济管径法计算初选，最后经水力计算并参考管材规格确定。

$$D = 13\sqrt{Q} \tag{3-4}$$

式中　D——计算的经济管径，mm；

Q——干管流量，m^3/h。

（二） 支管管径选择

根据规划布置的支管，选取最长的一条支管进行水力计算，并按规范要求保证支管的水头损失不大于喷头正常工作压力的 20%，参考管材规格确定支管管径。

三、 管道水力计算

（一） 毛管水力计算

1. 灌水器工作水头偏差率的计算

已拟定 $C_w=95\%$，即 $q_v=20\%$，微喷头的设计工作水头 $h_d=10m$，流态指数 $x=0.5$，则喷头允许工作水头的偏差率 H_v 按下式计算：

$$H_v=\frac{1}{x}q_v\left(1+0.12\frac{1-x}{x}q_v\right) \tag{3-5}$$

2. 毛管允许的最大孔数计算

毛管平行等高线布置，视坡度为 0，设水温为 10℃，则按勃拉休斯公式计算：

$$N_m=\left(\frac{5.533D^{4.75}h_dH_v}{KSq_d^{1.75}}\right)^{0.3636}+0.52 \tag{3-6}$$

式中　N_m——毛管允许最大孔数，取整数；

　　　D——毛管内径；

　　　K——考虑局部水头损失的加大系数；

　　　S——毛管上出水口间距；

　　　q_d——毛管上分水口设计流量；

　　　其余符号意义同前。

3. 毛管允许最大长度计算

$$L_m=N_mS+S_0 \tag{3-7}$$

式中　L_m——毛管允许最大长度，m；

　　　S_0——毛管进口至第 1 出水口的距离；

　　　其余符号意义同前。

4. 毛管沿程水头损失计算

$$h_{f毛}=8.4\times10^4\frac{Q_毛^{1.75}}{D_毛^{4.75}}L_毛F_毛 \tag{3-8}$$

式中　$h_{f毛}$——毛管沿程水头损失，m；

　　　$Q_毛$——毛管流量，m^3/h；

　　　$L_毛$——毛管长度，m；

　　　$D_毛$——毛管内径，mm；

　　　$F_毛$——多口系数。

（二）　支管沿程水头损失计算

$$h_{f支}=8.4\times10^4\frac{Q_支^{1.75}}{D_支^{4.75}}L_支F_支 \tag{3-9}$$

式中　$h_{f支}$——支管沿程水头损失，m；

　　　$Q_支$——支管流量，m^3/h；

　　　$D_支$——支管内径，mm；

　　　$L_支$——支管长度，m；

　　　$F_支$——多口系数。

（三）　干管沿程水头损失计算

$$h_{f干}=8.4\times10^4\frac{Q_干^{1.75}}{D_干^{4.75}}L_干F_干 \tag{3-10}$$

式中　$h_{f干}$——干管沿程水头损失，m；

　　　$Q_干$——干管流量，m^3/h；

　　　$D_干$——干管内径，mm；

　　　$L_干$——干管长度，m；

　　　$F_干$——多口系数。

（四）　局部水头损失计算

局部水头损失计算

$$h_j=\sum\frac{\zeta v^2}{2g} \tag{3-11}$$

式中　h_j——局部水头损失，m；

　　　　ζ——局部损失系数；

　　　　v——管内流速，m / s；

　　　　g——重力加速度，取 9.81m / s²。

在实际工程中，有的为简化计算，局部水头损失按沿程水头损失的 10%～15% 计。

（五）　水泵选型

1．设计流量计算

项目区按支管实行轮灌，选择系统流量。

2．设计扬程的计算

$$H = H_p + Z + \sum h_f + \sum h_j + h_{过} \qquad （3\text{-}12）$$

式中　H——设计扬程，m；

　　　　H_p——设计工作水头，按 10m 计；

　　　　Z——典型毛管进口与水源水位高差；

　　　　$\sum h_f$——管道沿程水头损失之和；

　　　　$\sum h_j$——管道局部水头损失之和；

　　　　$h_{过}$——过滤器水头损失。

3．水泵选型

根据 $Q_{设}$ 和 $H_{设}$ 查水泵泵谱，选择水泵。

第六节　典型工程设计——棉花试验基地滴灌工程规划设计

一、概况

棉花试验基地位于安楚公路以南，东场场部以北，东有西邵科，西与后白壁地相连，总面积为 261.29 亩，由南北生产路将基地分为三块，其中场前地为 50.89

亩，场前西地为 117.58 亩，场前东地为 92.82 亩。区内土壤为黏壤土，土地比较肥沃，保水、保肥能力好。

基地主要种植棉花。南北向等行距种植，行距为 80cm。

在地块南头距东边界 120m 处有一眼机井，单井出水量为 $60m^3/h$。

由于地处温带季风性气候区，年降水量不足 600mm，且分布极为不均匀，季节性干旱时有发生，严重影响棉花的正常生长。多年来沿用土渠输水灌溉，灌水定额大，灌溉水利用系数低，水的浪费现象十分严重，但在干旱缺水期，满足不了棉花灌溉用水要求，对棉花产量的提高和试验工作的正常进行极为不利。因此，只有发展节水灌溉才能保证棉花的灌溉需要。根据新疆等地进行的大量棉田滴灌试验结果证明，棉花滴灌具有明显的节水、节能、增产、改善棉花品质的效果。为此，拟建设大田棉花滴灌工程，为棉花试验提供良好的灌溉设施。

二、 棉花滴灌工程设计

（一） 滴灌系统的型式

滴灌系统根据其灌溉方式、滴灌毛管的移动与否，可分为固定式和半固定式。由于棉花种植较密，苗期和中后期差异较大，特别是蕾期、花铃期，生长发育快，株枝变大，如果选用半固定式滴灌管，管道移动十分不便，容易损坏棉花株枝，影响棉花产量。因此，宜选用固定式滴灌系统。

（二） 灌水器的选择

为了节约投资，管理方便，拟选用迷宫式薄壁滴灌带，这种滴灌带内径为 16mm，每米 3 个出水孔，单孔流量为 2L/h，额定工作压力为 0.1MPa。最大铺设长度 $L=60m$。

场前 50 亩地选用内镶扁平滴头滴灌管，单孔出水量为 1.8L/h，每米 3 个出水孔，铺设长度为 60~100m。

（三） 管网布置

该系统由水源，首部，主管、干管、支管和毛管四级管道组成，主管和干管固定埋于地下，支管和毛管铺设于地面上。水源为一眼机井，出水量为 $60m^3/h$，动水位埋深 20～30m。

首部由过滤器（离心和网式两级）、逆止阀、控制阀、压力表、水表、井水管等组成。

1 号主管控制场前西和场前东两块地，主管顺南北生产路布置，长 420m，垂直主管东西向布置干管 8 条，分为东 1 干～东 4 干，西 1 干～西 4 干。东干管分别长 90m，干管上设两个出地管，地面上安装阀门并留有支管接口。西干管分别长 145m，每条干管上设有 3 个出地管，地面上分别安装阀门和支管接口。东支管分别长 30m，西支管分别长 28m。垂直支管双向安装滴灌带，单向长 60m。

2 号主管控制场前地，主管从水源东西向铺设 290m，90°转弯向北铺设 65m。垂直主管东西铺设干管两条，东、西干管各长 80m，在干管上各设 2 个出地管，地面上安装阀门和支管接口。支管分别长 27m，垂直支管双向布置内镶扁平滴头滴灌管，单向长 80m 左右。

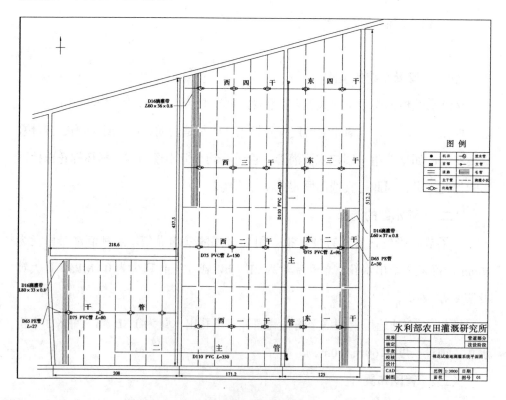

图 3-18　管网平面南园示意图

为了保证滴灌带（管）首部压力一致，灌水更加均匀。支管与滴灌带（管）

70

的连接用稳流调压三通。

管网系统布置详见图 3-18。

（四） 滴灌设计参数的拟定

1. 设计日耗水强度

根据棉花需水量试验结果，棉花日最大耗水强度为 4～6mm／d，拟选设计日耗水强度 E_a＝5mm／d。

2. 设计土壤湿润比粮、棉、油作物滴灌土壤湿润比一般为 60%～90%，对于棉花，取设计湿润比 P＝80%。

3. 设计灌水均匀度根据规范要求，取 Cu＝95%，即 q_v＝20%。

4. 灌溉水利用系数根据规范要求，取 η＝0.95。

（五） 灌溉制度拟定

1. 灌水定额的计算

$$m=\frac{0.1\gamma ZP(\theta_{max}-\theta_{min})\blacklozenge}{\eta}$$

式中　m——设计灌水定额，mm；

　　　γ——土壤容重，g／cm³，γ＝1.45g／cm³；

　　　Z——计划湿润层深度，m，Z＝0.3m；

　　　P——设计土壤湿润比（%），P＝80%；

　　　θ_{max}、θ_{min}——适宜土壤含水率上、下限（占干土重的百分比），θ_{max} 为田间持水量的 90%，θ_{min} 为田间持水量的 70%。

代入上式，计算得：

$$m=\frac{0.1\times1.45\times30\times80\%\times(25\%\times90\%-25\%\times70\%)}{0.95}=18.3（mm）$$

取 $m_{设}$＝18mm。

2. 灌水周期计算

$$T=m\eta／E_a=18\times0.95／5=3.42（d）$$

取 T 设＝4d。

3. 设计系统日工作时间

根据井灌区实际情况，为了保证作物及时灌水，日工作小时数可取为 $t_d = 16h$。

4．一次灌水延续时间的计算

$$t = \frac{mS_eS_i}{\eta q}$$

式中 t——一次灌水延续时间，h；

S_e——灌水器间距，为 0.33m；

S_i——毛管间距，为 0.8m；

q——灌水器流量，为 2.0L／h；

其余符号意义同前。

代入数据，经计算：$t = 2.5h$。

5．系统工作制度的确定

考虑到系统供水流量较大，灌水时，每次两条干管同时工作，每一条干管上每次一条支管进行灌溉。

（六） 系统设计总流量计算

$$Q_{设} = \frac{0.667mA◆}{Tt_d} = \frac{0.667 \times 18 \times 261.29}{4 \times 16} = 49（m^3／h）$$

（七） 管网系统水力计算

1．毛管沿程水头损失计算

毛管沿程水头损失可按式（3-8）进行计算，其中，$Q_{毛} = 60m \times 6L／（h \cdot m）$ $= 360L／h = 0.36$，$D_{毛} = 15mm$，$L_{毛} = 60m$，多口系数，$X = 0.5$，$F_{毛} = 0.36$。

代入式（3-8），计算得： $h_{f毛} = 0.79m$

2．支管沿程水头损失计算

支管的沿程水头损失可按式（3-9）进行计算，其中，$Q_{支} = 30 \div 0.8 \times 0.36 \times 2$ $= 27（m^3／h）$，$D_{支} = 65mm$，$L_{支} = 30m$，多口系数，$X = 0.5$，$F_{支} = 0.39$。

代入式（3-9），计算得： $h_{f支} = 0.73m$

3．干管沿程水头损失计算

干管沿程水头损失可按式（3-10）进行计算，其中，$Q_{干} = Q_{支} = 27m^3／h$，$L_{干} = 145m$，$D_{干} = 70mm$（$\phi75mm$ PVC 管）。

代入式（3-10），计算得：

$$h_{f干}=6.7m$$

4. 主管沿程水头损失计算

$$h_{f主}=8.4\times10^4\frac{Q_{主}^{1.75}}{D_{主}^{4.75}}L_{主}F_{主}$$

其中，$Q_{主}=2Q_{干}=54m^3/h$，$D_{主}=103mm\phi110mmPVC$ 管），$L_{主}=400m$。

代入上式，计算得：

$$h_{f主}=9.93m$$

该结果是假定主管同时向西四干和东四干供水，供水量比较集中。实际运行时，可在主管首末两端各开一条干、支管进行灌溉。

5. 局部水头损失计算

为简化计算，按沿程水头损失的15%计，即

$$\sum h_{j}=0.15\sum h_{f}=0.15\times（9.93+6.7+0.73+0.79）=2.72（m）$$

（八）水泵选型

1. 设计流量

$$Q_{设}=54m^3/h$$

2. 设计扬程计算

$$H=h_p+Z+\sum h_w+h_{泵管}+h_{过}$$

式中　H——设计扬程，m；

h_p——设计工作水头，$h_p=10m$；

Z——典型毛管进口与水井动水位高差，取 $Z=25m$；

$\sum h_w$——管道系统水头损失之和，$\sum h_w=\sum h_f+\sum h_j=20.88m$；

$h_{过}$——过滤器水头损失，取 $h_{过}=3.0m$；

$h_{泵管}$——水泵管水头损失，泵管选用 $4''$ 钢管，$L=30m$。

$$h_{泵管}=10.29n^2\frac{LQ^2}{D^{5.33}}=2.1m$$

代入上式，计算得：

$$H=60.98m$$

3．水泵选型

根据 Q 和 H 查 GB／T2816—91 井用潜水泵形式和基本参数，拟选水泵为 200QJ63－60／5 型，其性能参数见表 3-1。

表 3-1　水泵性能参数

型号	流量 （m³/h）	扬程 （m）	配套功率 （kW）	效率 （%）
200QJ63－60/5	63	60	18.5	74

三、 滴灌工程材料用量及投资估算

滴灌工程材料用量及投资估算见表 3-2。

表 3-2　滴灌工程材料用量及投资估算

	材料名称	规格	单位	数量	单价 （元）	复价 （元）	备注
1	首部	4″	套	1			闸阀、 压力表、 空气阀、 进水管 等
2	过滤器	离心＋网式	套	1			
3	主管	ϕ110×0.6 MPa PVC	m	770			
4	干管	ϕ75×0.6 MPa PVC	m	1 200			
5	支管	ϕ65×0.6 MPa PVC	m	1 464			
6	滴灌带	ϕ16	m	175 000			
7	滴灌管	ϕ16	m	42 500			
8	调压三通	700 L/h	个	4 800			
9	堵头	ϕ16	个	9 600			
10	堵头	ϕ65	个	50			
11	三通	ϕ110×75	个	10			
12	三通	ϕ110	个	1			
13	弯头	ϕ110×90°	个	1			
14	出地三通	ϕ75×1 000（钢）	个	14			
15	出地弯管	ϕ75×1 000（钢）	个	10			
16	球阀	2.5″	个	48			

	材料名称	规格	单位	数量	单价（元）	复价（元）	备注
17	PVC胶		kg	10			
18	接头	$\phi 65$	个	48			
19	变径三通	$\phi 75 \times \Phi 65$	个	24			
20	水泵	200QJ63-60/5	套	1			含30 m钢管,30 m水线
21	合计						

第七节　　工程施工与安装

一、　施工前的准备工作

工程设计完成后，就进行施工环节，要深入规划灌区，全面踏勘、调查了解施工区域情况，认真分析工作条件，编写施工计划。微灌系统施工不同于一般的灌溉工程，其管网比较复杂，涉及工种较多及配套设备较多，工序复杂，有些设备必须要有专用工具。因此，施工要求高，难度大。由于施工质量是有关工程成败的关键一步，必须要在专业技术人员指导下进行或者由经过专门培训过的技术工人来安装。

施工前需熟悉工程内容，明确工程所选用的微灌形式，对材料及灌水器的灌水原理进行熟悉，对灌水器的安装重点进行明确，了解专用设备结构特点及用途，严格依照技术要求安装。组织有经验的人员对工程进行监督与检查，规模大的可以聘请专业监理人员进行监理。另外，微灌工程的特点是面积较大，施工量重而且工序较多，特别是灌水器的安装重复劳动量很大，而且零星分散，需要进行重点把关。多数工程是在农闲时进行的，对时间的要求较紧、工期短，有时会有赶工现象，但灌水器的要求绝不能马虎，否则灌水均匀性很难保证。

施工前需要对施工的主要人员进行技术培训，全面了解和熟悉微灌工程的设计文件，包括灌区地形、供水、首部枢纽、管网系统等全部设计图及对灌水器的选择方案；同时核对有关设计技术参数，并对施工员进行责任分工。要求施工人员对施工进度、施工工期、质量、文明施工及施工管理等进行落实并形成文件合同等，并对施工人员、施工机械及专用施工设备进行准备。开工前必须逐项查对首部控制枢纽、供水配水管网，灌水器的规格、质量、数量及组装构件是否齐全。

二、 测量放线

测量放线是把设计方案落实到实地的第一步，也是关键的一步。放线大的原则是从整体到局部、先首部控制后尾部控制。微灌工程随地形变化很大，必须现场找到标志点，测量控制主管网，对支管道的布置需根据地形、作物情况进行适当调整。而毛管的布置更需要因作物的不同进行调整，这更需要有经验的专业技术人员进行测量，成立专门测量小组，由项目技术负责人负责。

管道的测量放线要密切结合实际情况，明确管道的起点、终点、交叉点及转折点等，在实地定出三通、弯头、阀门、阀门井、排水井及镇墩等的位置。对每条毛管或灌水器的布置要明确位置，并进行示范。对主管线需要先在地上放出管道中线，再放出开挖边线并撒灰标明，操作顺序为：基准点确认—中线并打桩—边线并打桩。管沟的开挖由于地形的起伏不平造成开挖深度的不同，但要保证沟底高程符合设计要求，而埋深也不得小于控制性埋深尺寸。

三、 管沟开挖

管沟开挖必须严格按照管线设计线路进行正直平整开挖，不得任意偏斜曲折。管沟开挖应视土壤性质，做适当的斜坡，以防止崩塌及发生危险，如挖至规定的深度，当发现砾石层、石层或坚硬物体时，需加挖深度10cm，以便于配管前的填砂，再行放置硬聚氯乙烯（PVC—U）管。土质较松软之处，应视情形做挡土设施，以防崩塌，管沟中如有积水，应予抽干，才可排管。传统管道安装的管沟开挖只要求能把管道放入管沟和能进行封口即可，在没有松动原有土层时，可不用加压夯实垫层。微灌工程的特点是田间毛管管网较多，而大多数管网将直接影响作物的生长，在毛管开挖时一般不使用机械，需要人工开挖和回填，而且在开挖过程中应尽量避免破坏作物的根层。回填土要求分层回填，以保证管底和管侧面回填土的密实性，从而防止管道受力不均匀所引起的变形、接口破坏和漏水等。管沟挖出的土方可堆置管沟两旁，但不得妨碍交通。

管沟验收：主干管沟挖好后，应用水准仪对沟底高程进行自检，并对平整度和宽度进行查验，必要时组织技术人员进行验收，验收合格后方可进行下道工序。毛管网的管沟的要求可以适当放宽，但也要求基本的沟底面平整，防止起伏过大的现象。

四、 水源首部安装

微灌工程首部枢纽设备和一般灌溉工程相比，是较复杂的，包括的设备最多，一般由水泵、电机、取水阀、止回阀、进排气阀、计量装置、压力控制器、施肥装置、过滤器、调压阀、量测仪表等组成。根据不同情况和不同的需求，设置稍有差异。当水源位置高，有自压条件时，不需要动力设备，但需要修建水池进行稳压，高程差较大时还需要修建减压池等。首部控制设备的安装是至关重要的，为了达到坚实耐用，确保正常运行，必须严守技术操作规定，精心安装，而且很多设备安装专业性较强，应由专业人员进行安装。

专业设备的安装过程中需要注意的事项很多，特别需注意以下几点：

（1）对首部设备全面熟悉，了解设备性能。电机水泵组装必须达到同一轴线，离心泵要稳固地坐在混凝土基座上，潜水泵的安装要有足够强度的支架进行支撑，同时要满足电力要求，确保运行安全。

（2）控制阀门需要安装止回阀，以防止化肥水倒灌污染水源，对安装方向和位置进行明确。

（3）施肥装置在安装时要熟悉选用施肥装置的种类和工作原理，掌握安装和调试方法，对安装的前后方向一定不能搞混，否则将不能正常使用。

（4）过滤装置也需要明确使用过滤器的种类和作用方法，注意安装方向。在安装过程中还要注意安装的位置要方便以后的使用,特别是需要清理或反冲洗的过滤装置,要留出足够的空间。

(5)压力测量、控制装置等设备要严格按说明安装,压力表的位置要安装到位置较高的地方。

(6)首部系统一般是有压系统,也是压力最大的地方,各种设备必须安装严紧,法兰盘螺丝应平衡紧固,螺纹连接口需加铅油上紧,达到整个系统均不漏水。

(7)排水阀门处应为首部较低的地方,而且要安装泄水管道,使管道中的水排放到排水沟中。

五、 管道安装

管道安装是微灌工程中的主要施工项目,目前我国大部分的微灌系统输、配水管网大都采用塑料制品。塑料管材一般有聚氯乙烯或聚乙烯硬管,支、毛管一般用聚乙烯半软管,埋于地下的干管两种材料都有使用。硬聚氯乙烯(PVC-U)的安装可以参考喷灌工程中的安装部分,如干管采用水泥制品管或金属管,这类管道安装与一般工程规定相同,可参照有关标准中的规定进行施工。在这里只重点阐述聚乙烯管道的施工安装方式。

对于塑料管,施工前应选择符合微灌系统设计的管道,检查质量和内径尺寸。为了保证工程质量,有破裂迹象、口径不正、管壁薄厚不匀、管端老化等管道不能使用。

对于管道铺设,根据设计标准,由枢纽起沿主、干管管槽向下游逐根连接,夏天施工应在清早或傍晚进行,以免在烈日下施工时塑料管受热膨胀,晚间变凉管道收缩而导致接头脱落、松动、移位,造成漏水。

塑料管连接方法较多,除正常用配套管件连接外,还有承插连接、开水煮浴法连接、热熔对口粘接等多种连接形式。现主要叙述热熔对接的连接方法。

聚乙烯(PE)管需用专用的热熔对接机具。应检查有无产品出厂合格证,并要有出厂检验报告。性能相似、不同牌号材质的管道连接需进行连接,不使用明火。在寒冷气候(-5℃以下)和大风环境下进行连接操作时,应采取保护措施,或调整连接工艺。

（一） 热熔对接连接（对接焊）工艺

聚乙烯管材的焊接一般分三个阶段：加热段、切换段、对接段。根据管子的不同规格和截面面积制定其焊接参数。焊接工艺的三个重要参数：温度、压力、时间。

（1）温度的确定：PE管材对接焊的最佳焊接温度为200～230℃，只有在这种条件下，聚乙烯产生熔融流动，聚合物的大分子才能进行相互扩散形成缠绕，得到最大的强度和高质量的焊接结果。实践证明，当温度低于180℃时，即使加热时间很长，也不能达到质量好的焊接结果。如果温度过高，将有可能使材料降解，聚乙烯材料将受到氧化破坏，析出挥发性的物质和气体，材料结构发生变化，生成不饱和烃，出现杂质，从而使焊接质量降低。

（2）加热时间的确定：加热时间一般是焊接端面平整后壁厚的10倍。加热时间的长短决定焊接的质量，是否能将温度均匀传递到焊接面及一定的深度，在转换的阶段保持最佳的焊接温度。管端面熔化的最佳时间是随着需要加热的面积增大而增大的，更重要的是，对流和辐射传播的能量会随着管壁厚度的增加而减少。管端面的不平度造成热量的传递不均匀，窝藏空气，产生气孔，最终影响焊接质量，所以需要和压力密切的配合，在加热的同时施加一定的压力，平整焊接面，促进塑化，形成理想的焊接面并进行热传递，然后降压吸热。

（3）冷却时间的确定：一般为壁厚的1.15～1.33倍的时间。聚合物材料的导热性差，只有金属的几十分之一，冷却速度相应地也缓慢，在冷却的时间内需要进行结晶、收缩，所以需要有充分的时间降到结晶温度，进行充分的晶粒生长，消除内应力，在一定的压力下冷却，避免焊接端面有缩孔。

（二） 聚乙烯管材焊接操作

热熔连接前、后，应清洁焊机表面和加热工具。焊机表面污物应用洁净布擦净，加热工具上的聚乙烯残留物只能用木质刮刀切除。检查对接焊机是否与管材直径匹配。热熔连接加热时间和加热温度应符合热熔连接生产厂和管材、管件生产厂的规定，对接焊温度通常为200～235℃。在保压和冷却时间内不得移动连接件或在连接件上施加外力。热熔对接应符合下列规定：校直对接焊机上两对应的待接件，使其在同一轴线上，错边不宜大于壁厚的 10%。将加热工具放在管材对接面之间，使对接焊机上的管材靠近加热工具并施加一定的压力，直到融化形成沿管材整个外圆周平滑对称的翻边。加热完毕时应迅速脱离对接加热工具，并应用均匀外力使其完全接触，形成均匀凸缘。

焊接注意事项如下：

（1）必须测量电网、发电机电压，保证电压为 220V，防机毁。

（2）必须测量加负载后的电压、机器外壳接地，保证人身安全。

（3）与焊接端面接触的所有物件必须清洁，保证焊接质量。

（4）加热板温度指示灯必须亮，保证焊接温度。

（5）卡管必须留有足够的距离，保证焊接端面有效接触。

（6）铣削时铣刀安全销必须锁死，防止铣刀飞出伤人。

（7）铣屑必须是连续的长屑，保证焊接端面有效接触。

（8）铣削完必须先降压力，后打开机架，再停铣刀，防止端面出台阶。

（9）取出铣刀、热板时不能碰伤端面，防止翻边不均匀有划伤。

（10）凸起要求的高度必须是圆周，保证焊接有效面平整。

（11）焊接压力必须加入拖动压力，保证有效焊接面的压力值。

（12）熔融面相接触时严禁高压碰撞，保证焊接质量。

（13）启动泵站时，方向杆应处于中位，保证电机无负载启动。

（14）安装高压软管时接头必须清洁，防止泥沙进入液压系统。

（15）机器远离酸碱或要有防护，保证机器的使用寿命。

（16）必须保持机架镀铬导杆清洁无划伤，保证不漏油和损失压力值。

（17）热板必须清洁、无划伤、无油污及粘异物，保证焊接质量。

（18）抗磨液压油六个月更换一次。

（19）机器的电子部分不防水，严禁进水，阴雨天施工要有防护。

（20）拆卸油管必须泄压，接头加防尘帽，保证下次安装顺利。

季节性施工措施：农田工程的施工一般是在农闲时进行的，特别是冬天或开春时。气候的异常变化给施工带来了很大的困难，常规的施工方法已不能适应。为了保证建筑工程在全年不间断施工，保证工程进度，在冬期从具体条件出发选择合理的施工方法，制定具体措施，以提高工程质量，简化施工方法，降低工程的费用。

冬期施工中为了保证施工的质量，有关部门规定了严格的技术措施，必须选择具体的施工方法和合理的施工措施。要抓好施工组织设计，适当调整施工顺序，将不适宜冬季施工的分项工程安排在冬季前后完成。合理选择冬季施工方案，掌握分析当地气温情况，收集有关气象资料作为选择冬期施工技术措施的依据。冬期施工的设备、工具、材料及劳动防护用品均应提前准备。工程用材料在使用前应将冰霜清除干净。应尽量采用沟下安装，尽快加快对接速度，保证对接质量。

六、 毛管及灌水器安装

毛管一般都采用对于小管径的半软 PE 管，或一次成型的带灌水器的毛管，在管道铺放时需要因地制宜进行铺设，不应拉得过紧，可以放松让其呈自由弯曲状，以补偿温度差引起的变化影响管路。无论采用哪种管道，施工时都应选择天凉温差变化不大时向管沟覆土，尽量减少温度对管道施工质量的影响。

毛管布置数量多、较集中。微灌管网施工顺序一般是先主、干管，再支、毛管，以便全面控制，分区试水。支管与干管组装完成后再照垂直于支管方向铺设毛管。移动式毛管必须沿等高线或梯地设置在地面上，毛管一般沿作物种植行方向或沿高线方向顺序摆放整齐，铺放时必须将两端暂时封闭，严防泥土、砂粒等杂物进入管道而引起灌水器堵塞。有的毛管需要埋设在地下时，毛管埋深约为40cm 以下。

毛管首部和支管连接处、灌水器（如滴头、流量调节器、微喷头）的安装，需要在支管或毛管上安装旁通。要用小于旁通插头 1mm 左右的钻头在支管上由上而下打孔，打孔时钻头必须垂直于支管，不能钻斜孔，防止由旁通插管处漏水。为了预防打孔和安装旁通时，泥土、砂粒进入支管，采取打一个孔即装一个旁通。为使旁通与支管紧密连接，防止漏水，安装旁通时先装上薄橡胶止水垫片，然后将旁通安在支管上，随即用细铁丝或专用管卡扎牢固，同时往旁通接头段上装根毛管，让其竖直通向地面，上端封闭，以防泥土进入管内。

在灌水器的安装中，由于毛管上打孔工程很大，容易麻痹大意，需严格按程序进行。按照要求用平头打孔锥在毛管上垂直打孔时，尽量要适当控制，应严格防止打串孔，就是只能打通一面管壁，另一侧管壁受破坏时就会造成管道漏水，影响工程进度和使用。滴头和稳流器等安装完毕时，还应用手压一下，尽量使毛管恢复原状，以保证管道结合紧密，防止漏水和保证其水流通畅。

安装带插杆的微喷灌时，还应将喷头摆放整齐。管上滴头安装需要单独加工一个专用的工具，以方便安装。微灌管（带）安装需要注意管带的铺设低于水面，微喷带朝上，而滴灌朝下，还应将管带理顺铺平。

七、 PE 管试压与回填

微灌工程施工结束时应对各级管网进行冲洗与试压，对已安装好的微灌系统，应当集中时间抓紧冲洗、试水检测。一般是先冲洗，等杂物彻底清除后方可堵上堵头。工程较大时，可分区冲洗。当全系统所有设备冲洗干净、试水正常后就可进行系统试运行了。试运行时可使各级管道和滴头及相应附属装备都处于工作状态，连续运转 4h 以上，选择有代表性的 2～3 条毛管用仪表检测技术性能，对运行水压、滴水量、均匀性等进行全面观测，并将结果进行计算评价。待全系统运转正常、基本指标都达到设计规定值时，认为符合质量要求，整个系统才可交付使用。

土方回填时应注意以下事项：

（1）回填土应按规范要求执行。

（2）回填前若沟槽内有积水，必须抽尽，严禁带水回填。

（3）管顶以上 0.5m 内应无石块、砖块、垃圾等。管顶 0.5m 以上土质中应无直径大于等于 10cm 的石块、砖块，若土质不符合要求，应进行回填或换土处理。

（4）沟槽回填应先充实管底，再填实管道两侧。回填土应分层夯实，每层厚度为 0.2～0.3cm，管道两侧及管顶以上 0.5m 内的填土必须由人工夯实，超过管顶 0.5m 时，可使用小型机械夯实。回填的同时做好警示带、电子标示器、水泥护板的敷设工作。

（5）回填密实度应达到95%，管顶以上0.5m内达到85%的要求。密实度检测道路管每200m测一个点。

八、 微灌系统的操作方法

一个好的灌溉系统能否发挥其效益，直接与管理有关。为了保证系统能正常安全运行，必须加强工程管理，严格按运行操作规程进行。

（1）系统出地管、支管和毛管都布设在作物行间地面上，因此在耕作时必须小心保护，特别是滴灌带壁厚比较薄，易划伤，在收放时一定要谨防划破，不要在地面上拖拉。

（2）为了保证系统的安全，灌水时要严格按系统灌水工作制度进行。每次灌水时必须同时打开两条干管上的两条支管进行，两条支管不能在一条干管上，由于干管直径较小，会造成首部压力过高，威胁系统的安全。

（3）开始灌水时，应先打开田间灌水支管的阀门，再启动水泵，慢慢打开首部控制闸阀，使管网边充水边排气。

（4）系统运行中，要经常观察过滤器上下游压力表读数，过滤器前后压差不应大于0.05MPa，当压差过大时，就必须打开过滤器排污阀冲洗过滤器，直到压差正常。

（5）冬季上冻前，应打开管道末端泄水阀和过滤器底阀，放空管道，以防冻坏管道。

（6）作物收获后，应将滴灌带（管）收卷好，将地面支管盘好，冲洗干净，晾干后放入仓库中保存，以方便来年继续使用。

第八节　　运行管理

一个好的灌溉系统能发挥其效益，直接与管理有关。为了保证本系统能正常安全运行，必须加强工程管理，严格按运行操作规程进行。微灌工程必须建立管理组织和技术档案，内容应包括：设计、施工及验收文件，设备技术资料，用水计划和作业记录，设备、工程维护保养情况，还应制定使用实施细则。

水源工程：水源工程建筑物有地下取水、河渠取水、塘库取水等多种形式。保持这些水源工程建筑物的完好，运行可靠，确保设计用水的要求，是水源工程管理工作的首要任务。泵站等每年非灌溉季节应进行年修，保持工程完好。地上水源的蓄水池内沉积的泥沙等污物应定期排除洗刷。灌溉季节结束后应排除所有管道中的存水，封堵阀门、井。

（1）水泵。在灌水前要检查水泵与电机的联轴器是否同心，间隙是否合适，皮带轮是否对正，其他各部件是否正常，转动是否灵活，若有问题应及时排除。柴油机在启动前应加足机油、柴油和冷却水。运行时要时常检查电压表、压力表等各种仪表的读数是否在正常范围内，轴承部位的温度是否太高，水泵和水管各部位有没有漏水和进气情况，吸水管应保证不漏气。停车后要擦净水迹，防止生锈；定期拆卸检查，全面检修；在灌溉季节结束或冬季使用水泵时，停车后应打开泵壳下的放水塞，把水放净，防止锈坏或冻坏水泵。

（2）过滤器。过滤器是很重要的部分，关系着系统运行质量。要时刻注意前后端压力表的压差，需要时要及时清洗过滤器。如果是网式过滤器，当压差过大时，滤网两边压力差可能压坏滤网并使杂物通过滤网进入系统中，从而堵塞灌水器而导致系统失效。网式过滤器需手工清洗时应注意：拆开过滤器，取出滤网用刷子刷洗滤网上的污物并用清水冲洗干净。叠片过滤器，需要将外面的杂物冲洗干净，如效果不好，则需对每一片叠片进行刷洗，然后进行组装。带自动清洗功能的过滤器则在运行中，当过滤器进出口压力差超过一定限度时就需要冲洗，此时打开冲洗排污阀门，冲洗20～30s关闭，即可恢复正常运行。如果压力差仍然很大，可重复上述操作，若仍不能很好解决，可用手工清洗。砂石过滤器的反冲洗是砂床水流的反洗过程，反向水流使床砂浮动和翻滚，并冲走拦截的污物。反冲洗时，要注意控制反冲洗水流的速度。要使反冲洗流速能够使砂床充分翻动，只能冲掉罐中被过滤的污物，而不会冲掉作为过滤用介质。灌溉季节结束后，要彻底反冲洗，并用氯处理消毒，以防止微生物生长。

（3）施肥施药装置。在使用前需要对系统进行检查，每次灌水结束时，需要对罐体进行清洗，除掉里面的不溶杂质。对于铁制罐体，在每年灌溉季节结束后要检查内壁，需要时进行防腐处理。

调压罐运行前应进行检查，并应符合下列要求：传感器、电接点压力表等自控仪器完好，线路正常，压力预置值正确；控制阀门启闭灵活，安全阀、排气阀动作可靠；充气装置完好；运行中必须经常观察罐体各部位，不得有泄气、漏水现象。

（4）管道系统。灌溉前对整个系统的管网进行全面检查，保证阀门启闭自如，管道和管件完整无损。每个灌水期结束时，需对管网进行冲洗并排空。移动式管道需要在每年灌溉季节结束时，将管道进行收卷、清洗并将地面毛管连同灌水器装置卷成盘状，做好标记存放好。塑料管不应露天存放，距离热源不得小于1.5m，管件、量测仪表和止水橡胶圈应按不同规格、型号分类排列，置于架上，不得重压。

（5）灌水器。灌水器运行过程中主要问题就是堵塞，在运行过程中需要加强观察，对出现问题的个别灌水器进行清理和更换，如果发现有较多的灌水器堵塞，则需要对管网、首部过滤系统进行检修，找出原因，防止大面积堵塞导致系统瘫痪。流量普遍下降是堵塞的第一个征兆，应及时处理。堵塞的处理方法：①加氯处理法。氯溶于水后有很强的氧化作用，可破坏藻类、真菌和细菌等微生物，还可与铁、锰、硫等元素进行化学反应生成不溶于水的物质，使这些物质从灌溉水中清除掉。②酸处理法。通常用于防止水中可溶性物质的沉淀，或防止系统中微生物的生长，还可以增加氯处理的效果。对系统进行化学处理时必须注意到对土壤和作物有一定的破坏和毒害作用，使用不当会造成严重后果，一定要严格按操作规程操作；一定要注意安全，防止污染水源或对人畜造成危害。

第四章 集雨节水灌溉工程技术

第一节 集雨节水灌溉工程技术简介

集雨节水灌溉工程指的是在缺水地区利用小蓄水工程（如水窖、旱井、小蓄水池等）将当地降雨收集起来，并采用先进的节水灌溉方法（喷灌、滴灌、微喷灌等）灌溉农作物而建立起来的工程。一般是指蓄水库容不大于 10000m³，灌溉面积小于 33.3hm² 的微型水利工程。集雨节水灌溉工程一般由集雨系统、输水系统、净化系统、存储系统和田间节水灌溉系统等部分组成。

世界上有很多地方，自远古时期就开始收集雨水，并修建了蓄水池，迄今还有些被保留下来了。雨水利用曾经有力地促进了世界上许多地方古代文明的发展。自 20 世纪 80 年代以来，国外雨水利用得到了迅速发展，不仅少雨国家（如以色列等）发展较快，而且在一些多雨国家（如东南亚国家）也得到了发展，利用范围也从生活用水向城市用水和农业用水发展，一些工业发达国家（如日本、澳大利亚、加拿大和美国等）都在积极地开发利用雨水。

我国是一个水资源很短缺的国家，人均水资源占有量排在世界第 109 位，仅为世界平均水平的 1/4，被联合国列为世界 13 个贫水国之一，而农业用水占全国总用水量的 70%左右。因此，雨水集蓄利用技术在我国也有很久的历史。我国西北干旱半干旱地区通过长期的生产实践，创造了许多雨水集蓄利用技术，建造了如窖、大口井等多种蓄水设施，对当地农业的发展发挥了十分重要的作用。但由于生产力水平和技术条件的限制等，这些措施还不能从根本上解决降雨相对集中与作物需水期分散的矛盾，只能是被动抗旱，农业生产仍未摆脱"靠天吃饭"的局面。20世纪50年代以后，我国修建了大量的大型水利工程，以及不少水库和灌区，解决了大面积农田的灌溉问题，从而有一段时期忽视了雨水集蓄的工作。进入90年代以来，由于北方干旱日益严重，水资源日益紧缺，在国际雨水集蓄事业的推动下，我国开始重视雨水利用和水资源持续发展的研究，一些省（区）发展较快。

在干旱半干旱地区，每年靠水窖集蓄雨水，水窖集蓄雨水首先解决人畜的生活用水，其余部分用以发展庭院经济或给少量耕地补水，这种灌溉既不能实行充分灌溉，也不能采用粗放的地面灌溉方法，一般都要与节水灌溉技术相结合，以最大限度地发挥灌溉水的效益。这就形成了集雨节水灌溉。与集雨相配合的节水灌溉方法主要有两大类：一是采用非充分灌溉，一般只能给作物灌关键水、救命水；二是采用非常节水的灌水技术，诸如微喷灌、滴灌、渗灌等。

集雨节水灌溉工程主要有以下优点：

（1）提高雨水资源的利用效率。修建集雨工程可提高雨水集流效率30%以上。

（2）经济效益显著。由于作物关键需水期得到灌溉，旱作农业区的增产、增收效果显著，经过集雨补灌后的粮食作物成倍增产，经济作物增收幅度更大。

（3）有效地促进了结构调整和高效农业的发展。集雨节水灌溉工程的兴建，为现代农业生产技术的配套实施提供了一定的水利条件，推动了农业结构的全面调整。农民可以根据各种集雨灌溉工程供水情况、农产品市场需求，自觉调整种植结构，发展高效农业。如依靠集雨工程发展的日光温室大棚、林果业种植等。

（4）促进了生态环境的改善。集雨工程已经成为小流域综合治理的主要工程措施，成为退耕还林（草）的水源工程，有效地控制了水土流失，在生态建设中发挥了重要作用。

第二节　集雨工程来水用水量分析

集雨工程来水用水量分析是工程修建可行性最重要的内容，也是有关工程规模和投资的关键部分。

来水用水分析计算主要是根据当地水资源状况和灌溉及人畜用水的要求，进行平衡计算，进而确定集雨节水灌溉工程的规模。

一、　来水量的计算

全年单位集水面积上可集水量按下式进行计算：

$$W_P = E_y R_P / 1000 \qquad\qquad (4\text{-}1)$$

式中　W_P——保证率等于 P 的年份单位集水面积全年可集水量，$m^3／m^2$；

　　　E_y——某种材料集流面的全年集流效率，以小数表示，由于集雨材料的类型，各地的降水量及其保证率的不同，全年的集流效率也不相同，规划时要选用当地的实测值，若资料缺乏，可参考类似地区选用；

　　　R_P——保证率等于 P 的全年降雨量，mm，可从水文气象部门查得，对集雨工程来说，P 一般取 50%（平水年）和 75%（中等干旱年）。

如果在规划区内有其他来水（如泉水、小溪等）可利用，则也要计入水量中。

二、　用水量的计算

用水量包括人畜用水和灌溉用水。一般是首先满足人畜用水，然后考虑灌溉用水，但在远离村庄的地方修建的蓄水设施则只考虑灌溉用水。

人畜用水量：包括人和牲畜的饮用水与人的日常用水。规划是要考虑未来 10 年内能达到的人口数及牲畜、家禽数，并按不同保证率年份的用水定额进行计算。

灌溉用水量：集雨节水灌溉工程的作物种植要突出"两高一优"的模式，合理确定粮食、林果、瓜类和蔬菜等作物的种植比例，以充分发挥水的效益。在采用节水灌溉方法的前提下，按非充分灌溉（限额灌溉）的原理进行分析计算。计算所需要的作物需水量或灌溉制度资料，要用当地的试验值，降雨量资料由当地气象站或雨量站收集。若当地资料缺乏，可按收集类似地区的资料的规定取值。

适用条件：因区域性、季节性干旱缺水严重又不具备修建骨干水利工程条件的地区；地表水、地下水缺乏或开采利用困难，且多年平均降水量大于 250mm 的半干旱地区；经常发生季节性缺水的湿润、半湿润山丘地区，以及海岛和沿海地区。在我国西北地区的陕、甘、青、新等省（区）及内蒙古西部，土地辽阔，总面积占到全国的 40%，地表水和地下水资源十分缺乏，但雨季常有暴雨发生，很适宜采用集雨节灌技术；南方丘陵山区受季节性干旱影响，作物关键生长期缺水严重，也很适合应用集雨节灌技术。集雨节灌技术对改善我国西北黄土高原丘陵沟壑区、华北干旱缺水山丘区、西南干旱山区等地农民的生活生产条件，增加农民收入，促进农村社会经济发展意义重大，具有极为广阔的推广应用前景。

第三节　集雨工程规划布置

为了充分发挥集雨节水灌溉工程的效益，需要修建相应的配套设施，主要包括集雨场、输水系统、蓄水系统、灌溉系统等。

一、集雨场

集雨场是集雨节水灌溉工程最主要的部分，一般要选择具有一定产流面积的地方作为集雨场，最好是选择天然条件好的地方，如没有天然条件的地方，则需人工修建集雨场，集雨场表面要用防渗材料进行防渗处理，如图 5-1 所示。

集雨场的主要作用就是收集降雨。只要是具有一定面积的山坡、道路、庭院、场院、屋顶及农田都可作为集雨场，如果现有的集流面不够完整或面积较小，也可以人工修建或整理集水面进行补充。集雨场的防渗材料是最关键的因素，固定的建筑可以采用混凝土、水泥瓦、片石衬砌等，有的临时也可采用坡面夯实、塑料薄膜等，一般本着因地制宜、就地取材、减少工程造价和提高集流效率为目的。收水量多少与当地最大降雨强度、集水面积大小及表面植被情况有关。另外，在集雨规划时，就尽量将集雨场布置在地理位置较高的地方，使其能够进行自压灌溉，减少了提水费用，节约了运行成本。

(a)   (b)

图 5-1　集雨场

二、　输水系统

输水系统主要包括输水沟（渠）和截流沟等，是将集雨场上集蓄的来水量汇集起来，引入沉沙池沉淀后，流入蓄水系统。

集雨场的类型不同，其规划也不同，但应尽量使其距离较小，从而减少水分蒸发和渗漏。利用道路作集雨场的，可以利用排水沟修建专用出口，引到蓄水池。输水沟一般需要进行防渗处理，有条件的最好硬化，蓄水时还应尽量注意清除杂物和漂浮物。在利用山坡地作为集雨场时，需在每隔一定的高程，沿等高线的方向修建一截流沟，避免水面过大水量入渗量增大并减少水量对坡面的冲刷。每个截流沟与输水沟相连，再引入蓄水池，截流沟可采取土渠，坡度宜为 1 / 30～1 / 20，输水沟宜垂直等高线安排并采取矩形或 U 形混凝土渠。利用庭院、屋面等集水时，屋面集流面的截流输水沟可安排在屋檐落水下的地面上，宜采取 C30 混凝土的宽浅式弧形断面渠。设有庭院混凝土集流面的可同时施工。

三、　蓄水系统

蓄水系统主要包括蓄水设施及其附属设施，如水窖（蓄水池）、拦污栅、沉沙池、进水暗管、消力设施、窖口井台等。

（一）　水窖的规划

1．水窖位置的选择

窖址的选择应本着有利于集雨场集水、方便取水的原则，应选在土质坚硬的地带，避免在堆积层和松散土质中建窖。如果土质较差，可以将土质夯实，采用水泥砂浆薄壁水窖。土质疏松的地区，条件许可的话可采用混凝土盖窖或素混凝土盖窖。如果地形落差较大，应尽量建在位置较高的地方，能达到自流，减少取水能耗。

2．水窖的形式

水窖修建在地下，既防冻又节省空间；窖口需要加盖封闭，既防止蒸发又卫生安全。窖型主要根据当地的土质和习惯修建，主要有瓶式的、球式的、柱式的等，根据需要选择窖型。水窖的结构主要由窖口、窖体、窖底三部分组成，窖口应高出地面，防止污水直接进入窖体。未蓄水时，窖壁主要支撑横向土压力，蓄水后，内外压力基本抵消，水窖受力基本不变。窖底大多呈锅底状，有利于清淤，如图 5-2 所示。

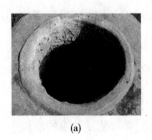　

(a)　　　　　　　　　　(b)

图 5-2　水窖示意图

3．水窖容积的确定

水窖的大小主要根据水窖的位置、土质和需水水源量及当地的实际情况决定。窖壁完工后要进行抹面，抹面三层，要求光滑平整，没有裂纹，防止窖里的水向外渗涌。水窖建成后，尽可能一次蓄满水，防止窖体出现开裂。

（二）　沉沙池

沉沙池的主要功能是将输水沟输送过来的水中的泥沙进行沉淀，预防泥沙进入水窖的建筑物。输水沟的水流在经过沉沙池时，水流流速下降，水流挟沙能力减小，其大于或等于一定粒径的泥沙沉积下来，从而使水流达到澄清的状态，减小径流中的泥沙含量。沉沙池一般建于离蓄水池或水窖（窑）进口5m以上的地方，避免池内渗水造成窖（池）壁坍塌，形状以矩形为好。沉沙池池体具体尺寸由径流量和水中含沙量确定。

沉沙池的设计依据是水流从进入沉沙池开始，水流所挟带的设计标准粒径以上的泥沙开始沉淀，而到沉沙池的出口时，正好全部沉到池底即可。沉沙池设计中，泥沙的设计标准粒径选择是很重要的，它直接关系供水品质及沉沙池的工程范围，应依据有关规范和实际需求选定。

沉沙池池体结构一般设计为长条形，长2～8m，宽0.5～2m，深0.6～1m。沉沙池按施工建筑材料可分为土池、水泥砂浆池、砖砌池、浆砌石池和混凝土池等，而土池和水泥砂浆池多为梯形断面，其余为矩形断面。

土池按设计尺寸开挖池体后，人工夯实解决池体池墙，采取红胶泥防渗或草泥防渗，池底防渗层厚度为5～10cm，侧墙厚为3cm，也可用塑膜草泥防渗。先开挖土基，夯实底部土体，按池体形状粘接塑膜，将膜铺好整平后，上面用草泥覆盖，池顶四周压土20cm厚，防渗效果很好。但清除池内泥沙时，要细心并小心，避免将塑膜铲破。水泥砂浆抹面池按设计尺寸挖好后，夯实池底，拍打密实池墙，用水泥砂浆由下往上抹壁，厚度为2cm，并进行洒水养护。砖砌池的池墙单砖砌筑，厚为12cm或24cm，池墙、池底整体砌成，池底平砖，最后用水泥砂浆抹面厚2cm。浆砌石池池底为M7.5水泥砂浆砌石，厚为25cm，浆砌石应采取坐浆砌筑。内墙壁和池底用水泥砂浆抹面防渗。混凝土池的池墙、池底混凝土厚度为5～10cm，一次现浇成，并进行洒水养护。

（三）拦污栅

在沉沙池的水流入口处应设置拦污栅，以拦阻汇集水流中挟带的大型固体悬浮的枯枝残叶、杂草等污物。拦污栅结构简单，可在铁板或薄钢板及其他板材上直接呈梅花状打孔，亦可直接采取筛网制成，通常用8号铅丝编织成1cm方格网状方形栅，长与宽依据汇流水沟（管）尺寸而定。简单的也可用竹条、木条、柳条制造成网状拦污栅。

（四） 其余辅助设施

除以上主要设施外，水窖上还应设置溢流管、井台等辅助设施，以避免窖水超蓄，危及水窖安全。对于人畜饮水，尚可采取简化的辅助净化保质手段，如地下建窖，维持集流区域内卫生干净；用明矾或其他化学剂净化水质等。

四、 灌溉系统

如果集雨节水灌溉系统的水源可利用量较少，必须采取节水灌溉的形式进行灌溉，主要包括提水设备、输水管道和田间节水灌水设备，常用的节水灌溉形式有滴灌、渗灌、坐水种、注射灌、膜下穴灌与细流沟灌等。当蓄水工程不具备自流灌溉条件时，需要配套机泵等。

使用雨水中应以节约为主，在农田灌溉中应以较节水的灌溉系统，具体的选择可参考前面几章各种节水灌溉工程设计。

在有一定地面高差的条件下，一般应将水窖安排在需要灌溉的地块之上，有了一定的高度，这样就能够自流出水，减少提水的费用。但是有时受地形的制约，水窖只好安排在低的地方。这样在用水时就要用提水装备，最理想的提水装备就是水泵（可用离心泵或潜水泵），这样就需要有动力，在有电的地方就可用电动机，如供电不便捷，就要用柴油机或汽油机。如果是生活与灌溉两用的水窖，其提水装备直接可用灌溉首部枢纽的水泵机组。对于只供生活用水的水窖，有时也可安装手压泵。

第四节　集雨工程设计实例
——河南省唐河县某项目区集雨工程规划设计

一、　规划设计的依据及主要任务

（一）　规划设计的依据

项目区集雨系统工程规划设计的主要依据是：

（1）《节水灌溉工程技术规范》（GB／T50363—2006）。

（2）《雨水集蓄利用工程技术规范》（SL267—2001）。

（3）《灌溉与排水工程设计规范》（GB50288—99）。

（4）《喷灌工程技术规范》（GBJ85—85）。

（5）《微灌工程技术规范》（GB／T50085—2007）。

（6）《农田低压管道输水灌溉工程技术规范》（GB／T20203—2006）。

（7）唐河县水利发展规划。

（8）唐河县桐寨铺镇高效农业发展规划。

（二）　规划设计的主要任务

（1）收集当地的基本资料。包括地理地形、水文气象、土壤作物、集流设施以及社会经济、农业发展规划等资料，以供规划设计时选用。

（2）根据当地的自然条件和社会经济情况，论证集雨系统工程的必要性和可能性。

（3）根据当地雨水资源状况和灌溉用水需要进行来用水分析计算，进而确定工程规模。

（4）根据地形、作物种植和集雨面材料等情况，合理布置集雨场、蓄水设施，分析确定节水灌溉形式及其典型管网布置，并绘出平面布置图，提出工程量及投资估算。

（5）进行项目区的经济效益分析。

二、 规划设计的主要原则

（1）综合考虑。尽量将农田灌溉、水土保持、林果业等多种经营统一考虑，以达到充分利用雨水资源和节省投资的目的。

（2）重视效益。发展雨水集蓄利用应向高效节水农业方面发展，以获得最大的经济效益、社会效益和生态效益。

（3）远近结合，可持续发展。雨水资源开发利用既照顾当前的利益，又要考虑长远的发展，要统一规划，分期实施，先试点后推广。

（4）考虑当前农村的生产体制，对机井设施可分散到独家经营管理。对较大的集雨设施和灌溉系统（如塘库），则实行统一规划管理，以节省投资。

三、 集雨系统工程规划

（一） 年来用水分析计算

1. 年集水量的计算

全年单位面积（m²）上可集水量按下式计算：

$$W = E_y R_P / 1000$$

$$R_P = K P_P$$

$$P_P = K_P P_0$$

式中　W——保证率等于 P 的年份单位面积全年可集水量，m^3 / m^2，对于雨水集蓄工程，P 一般取 50%（平水年）和 75%（中等干旱年）；

E_y——某种材料集流面的全年集流效率，当地缺乏试验资料时，根据规范，考虑到集雨时间主要是在 6～8 月，对于坡地的集流效率取 $E_y = 25\%$；

R_P——保证率为 P 的全年降水量，mm；

P_P——保证率为 P 的年降水量，mm；

P_0——多年平均降水量，mm，取 $P_0 = 913.6mm$；

K——全年降雨量与降水量的比值，取 $K = 0.95$；

K_P——根据保证率 P 及 C_v（离差系数）值确定的系数，当地 $C_v = 0.6$，当

P＝50%时，查《水文手册》K_P＝0.89，当P＝75%时，查《水文手册》K_P＝0.56。

代入计算：

$$P＝50\%时，P_P＝0.89×913.6＝813.1（mm）$$

$$R_P＝0.95×813.1＝772.4（mm）$$

$$W＝0.25×772.4／1000＝0.1931（m^3／m^2）＝1932m^3／hm^2$$

$$P＝75\%时，P_P＝0.56×913.6＝511.6（mm）$$

$$R_P＝0.95×511.6＝486.0（mm）$$

$$W＝0.25×486.0／1000＝0.1215（m^3／m^2）＝1215m^3／hm^2$$

2. 灌溉用水量的确定

本项目工程一般远离村庄，用水量只考虑灌溉用水。为了充分发挥水的效益，农业灌溉采用适宜的节水灌溉方法，并按非充分灌溉（限额灌溉）的原则进行分析计算。根据当地降雨和灌溉作物的需水规律，分析确定影响作物生长的关键缺水期及需要补充的灌溉水量。

由于当地缺乏灌溉试验资料，根据规范和当地种植情况、旱灾规律和节水灌溉方式确定作物的灌水次数与灌水定额（见表4-1）。

表4-1　不同作物集雨灌水次数和灌水定额

作物	灌水方式	灌水次数	灌水定额(m^3/hm^2)
小麦、玉米等旱田作物	管道输水灌	2～3	300～450
	喷灌	2～3	300～450
果树	小管出流灌	3～6	150～225
	微喷灌	3～6	150～180
大棚蔬菜	滴灌	6～10	120～180

3. 来用水分析

对于中等干旱年单位面积上的年集雨量小于年灌溉用水量，再加上降雨时空分布不均，年蒸发量约为降水量的2倍，常发生初夏旱和伏旱的特点。因此，春、夏季的灌溉用水必须靠存储雨水来解决。

大田作物灌溉按每次450$m^3／hm^2$，果树微灌按200$m^3／hm^2$，大棚蔬菜按180$m^3／hm^2$计，平均分别按3次、5次、6次灌水计算。因此，农业灌溉用水总量应为165万m^3，其中集雨工程区需水量141.2万m^3，井灌区需水量23.8万m^3。

（二） 集流场规划

（1）在靠近村庄的地方，可根据地形条件利用坡地和场院、道路作为集雨面。

（2）在远离村庄的丘陵坡地，利用坡面作为集雨场，在坡面上按一定的间距50m 左右设置截流沟和输水沟，把雨水引入塘库内，用于坡地的灌溉。有地形条件的地方，尽量将集雨场规划于高处，以便实行自压灌溉。

（三） 蓄水系统规划

根据坡地地形、土质和作物情况，用于灌溉的蓄水设施主要是塘库，而且是以提水灌溉为主。有地形条件的地方，可利用地形落差自压灌溉低处的农田。考虑到水面蒸发损失和渗漏损失，塘库的总容积按 $20000 \sim 60000m^3$ / 座，平均按 $40000m^3$ / 座规划。

（四） 灌溉系统规划

（1）确定灌溉范围。根据规划的集雨场和蓄水设施，确定出每个灌溉系统的控制范围。

（2）选定适宜的节水灌溉方式。根据当地的地形、水源、作物和经济条件选定如下：对于小麦和玉米等大田粮食作物，选用管道输水灌溉或喷灌；对于果树，选用小管出流灌、微喷灌或管灌；对于大棚蔬菜，选用滴灌。

（3）首部枢纽布置。对于控制面积较大的塘库集雨系统，其首部枢纽为提水设备、动力设备、过滤设备、控制和量测设备，集中布置在塘库附近的房子中。对于机井灌溉系统，由于单井出水量少，一般一眼机井控制 $3 \sim 4hm^2$ 地，一眼井为一个独立的灌溉系统，首部可集中布置在机井房内。

（4）田间管网布置。按选定的节水灌溉方式，合理地布置田间管网，既要满足技术要求，又要经济合理，施工管理方便。一般管网布置 $2 \sim 3$ 级。

四、 雨水集流场设计

（一） 影响集流效率的主要因素分析

1. 降雨特性对集流效率的影响

当地由于受季风进退的影响，降雨分布不均，雨季多集中在 $6 \sim 8$ 月，平均降水量为 448.5mm，占全年总水量的 49.3%，是春季、秋季降水的 2 倍，是冬季降水的 10 倍，而且多以阵雨和暴雨的形式出现，给集蓄雨水创造了条件。而在其他季节，不仅雨量小，且雨强不大，很难形成地面径流，所以当地主要是靠 6～8 月来集蓄雨水。

2．集流面对集流效率的影响

当地的集流面主要是沟谷两坡的坡地，高差不大，坡地大多已开垦种植，6～8 月，坡地已长满庄稼或青草，影响到降雨的入渗，所以在小雨量和小雨强的情况下，不会产生径流，只有在大雨量或大雨强的情况下，才会产生径流。

3．集雨面坡度对集流效率的影响

一般来讲，集流面坡度越大，其集流效率也越大。因此，项目区的蓄水体（塘坝）位置应根据地形情况，尽量选择在四周有较陡坡面的低谷处。若有自流条件，蓄水体位置不能选得太低，以免减少控制面积。

4．集流面前期含水量对集流效率的影响

当前次降雨造成集流面含水量高时，本次降雨集流效率就高。当地是土质集流面，由于降雨分布不均，冬春季降雨少，雨量小，蒸发量大，土质表面含水量低，因此降雨很难形成径流，而在 6～8 月降雨量多，雨强大，土质表面含水量相对较高，容易产生径流。

（二）　集流场位置和集流面材料的确定

对于塘库（小水库）集流场位置选在沟谷两坡面积较大，坡度较陡，沟底适合拦坝蓄水的地方。集雨面为坡地。

（三）　集流场面积的确定

$$S = 1000W / (PPE_P)$$

式中　S——集流场面积，m^2；

W——年蓄水量，m^3；

P_P——用水保证率为 P 时的降水量，mm，按 $P=75\%$ 计，$P_P=511.6mm$；

E_P——用水保证率为 P 时的集流效率，$E_P=0.25$。

对于塘库用于大田和果树灌溉，年蓄水量为 20000～60000m^3，平均按 40000m^3 计，则 $S_{库}=1000\times40000 / 511.6\times0.25=312744$（$m^2$）$=31.27hm^2$。

（四） 截流沟和汇流沟的设计

塘库的集流坡面较大，为避免雨水在坡面上漫流距离过长而造成水量损失，可依地势每隔 20～30m 沿等高线布置截流沟，其末端连接到汇流沟。截流沟采用土渠，坡度为 1／50～1／500，汇流沟垂直等高线布置，宜采用矩形或 U 形混凝土渠砌成。截流沟和汇流沟渠的断面尺寸，一般底宽为 10～15cm，深度为 15cm，上口宽为 25～30cm。施工时要采用半挖半填的方法，尽量使挖出的土方和需要的填方平衡。填方体下面的坡面要清除杂草和松土，填方要分层夯实。

（五） 沉沙池的设计

当地为坡地集流面，在收集雨水过程中，水流会挟带泥沙进入塘库，造成所集雨水混浊，水质变坏。因此，在输水渠（汇流沟）末端进入蓄水工程之前，要修建沉沙池。沉沙池一般做成矩形，根据经验，沉沙池长度为 2～3m，宽度为 1～1.5m，深度为 0.8～1.0m，并且要使沉沙池的出水口底比池底高出 0.3～0.5m。

（六） 拦污栅的设计

为了不让树叶、杂草等其他垃圾进入蓄水工程，在沉沙池水流入口处应设置拦污栅，用水泥砂浆固定。拦污栅可用 10mm×10mm 的筛网做成。

五、 蓄水工程结构设计

（一） 蓄水容积的确定

根据地形、土质、作物和经济条件，确定集雨容积如下：对于大田作物和果树灌溉，塘库容积确定为 40000m³ 左右。扣除蒸发损失和死库容，有效库容为 30000m³ 左右。

（二） 蓄水工程地址的选择

（1）蓄水工程的位置首先应考虑选择在容易集蓄雨水的地方，要有一定面积的集流面来提供足够的水源。

（2）蓄水工程应选择在地质条件较好的地点修建，不要放在填方或容易发生滑坡的地段，要远离陷穴、沟边等。在近村地带修建蓄水工程，要远离树木根系 5m 以外，塘尽量选择"口小肚大"的地方，以节省工程量和保证蓄水多，尽量少淹没农田。

（3）蓄水工程的位置要方便管理使用。用于大田灌溉的蓄水工程尽量靠近灌溉地段，用于果树灌溉的尽量靠近果园。

（4）利用道路作集流面时，蓄水工程应离开道路一定距离。根据公路管理部门的规定，蓄水工程应远离国道 20m 以外，远离省道 15m 以外，远离县级道路 10m 以外。

（三） 蓄水工程结构形式的确定

蓄水工程的结构应当保证有足够的强度，满足蓄水时的安全要求和具有很好的防渗性能。同时，应当在安全和防渗的前提下尽量降低造价。塘库（塘坝）根据地形、土质和群众施工技术，确定选用均质土坝为拦河坝，溢洪道采用混凝土管或溢流堰。

六、 塘库（土坝）枢纽工程设计

（一） 土坝设计

1．土坝材料的选择

项目区土壤系黄棕壤土和砂姜黑土，质地为中壤到重壤，根据土料分布，选择黄棕壤土为筑坝材料。

2．土坝结构形式的确定

根据筑坝土料的情况，考虑农民施工容易，施工期短，便于维修管理和对坝基要求不高等特点，确定选用碾压式均质土坝。

3．土坝结构尺寸的确定

对土坝设计的基本要求：

（1）坝顶应按规定留足超高，不允许洪水或风浪翻越坝顶。

（2）坝体与地基、岸坡及其他建筑物连接，应在构造上采取措施，防止沿接触面产生集中渗流。

（3）根据土料性质和上下游水位变化情况，选择合理的坝坡。

（4）为增加抗冲刷能力，上游坝坡要用块石护起来，下游坝坡设草皮护坡。

（5）浸润线不允许在反滤体以上逸出，而且应控制在坡内一定深度（不小于当地冰冻层深度）。

土坝断面尺寸的拟定：考虑塘库蓄水量不大，地质条件和土质较好，一般根据经验拟定断面尺寸。

1）坝顶宽度

考虑坝体高度不高，为方便行人及机耕车辆通行，拟定坝顶宽 5m。坝顶应做成向两侧倾斜的坡面，坡度为 2%～3%，以便于排出雨水。

2）坝的高度坝的高度可按下式计算：

$$H=H_1+H_2+H_3+H_4$$

式中　　H——坝的高度，m；

　　　　H_1——坝基至溢洪道底高度，拟定 $H_1=7$m；

　　　　H_2——溢洪道最大过水深度，拟定 $H_2=0.5$m；

　　　　H_3——波浪爬升高度，m，因当地风力、风速不大，故不予考虑；

　　　　H_4——安全超高，拟定 $H_4=0.5$m。

代入公式，计算为

$$H=7+0.5+0+0.5=8（\text{m}）$$

3）土坝坝坡

根据当地筑坝土料、地基等情况，拟定上游坝坡为 1∶1.75，下游坝坡为 1∶1.25。

4）土坝护坡

为了保护坝面不受波浪、雨水、冰冻等的破坏，上、下游面都必须设置护坡。因当地块石（卵石）有困难，上游坡面采用预制混凝土板衬砌，沥青砂浆灌缝。护坡自坝顶做到正常蓄水位以下 3m。下游坡采用种草皮护坡。

5）排水设备

一般采用棱柱体排水设备，但用料较多。在此，考虑坝高较低，故不考虑排水设备。

6）坝长

由于地处缓坡丘岗区，沟宽大小不一，坝长一般为 40～80m，平均取 60m。

（二） 溢洪道的设计

1．溢洪道位置的确定

溢洪道最好选在土坝一端不远地方的丘陵垭口处，其高程与塘库蓄水位相差不多，若没有合适垭口处，则选在坝一端距坝肩 10m 远的地方。

2．溢洪道形式的确定

若有合适的垭口位置，则采用宽浅式溢洪道的形式。

若没有合适的垭口位置，则可考虑埋设混凝土管来泄流的形式。

3．溢洪道结构尺寸的确定

考虑坝不高，一般情况下不溢洪，溢洪道设计从简，初步拟定堰顶与正常蓄水位齐平，泄流深 0.5m，堰顶宽 2m，堰侧墙高 0.8m。

若埋管泄流，则可选 500mm 混凝土管并排两排，管底与正常蓄水位齐平，管长视地形情况而定。

4．库区防渗

因为当地地形坡面较缓，库区面积较大，土质比较黏重，为了节约投资，故采用原土碾压密实防渗处理。

（三） 土坝工程量计算

填方 8500m³，挖方 8500m³，C20 混凝土 55m³。

第五章　　应急抗旱灌溉技术

第一节　　抗旱轻型机井技术

轻型井也叫真空式空穴井，是真空井的一种，就是把离心泵的吸水口与井管口对口地连接在一起抽水，井管也是水泵的进水管，由于井泵构成一个严密的整体，抽水时井内形成真空，使地下水的补给速度加快，从而增加了机井的出水量，人们形象地称为对口抽。轻型井主要适宜用于地下水位较浅，地下含水层一般以沙层为主，上顶板为较稳定，含水量丰富的地区。特别是近年来我国南方季节性干旱地区，地下水丰富而使用较少，可以适当采用。

一、轻型井灌溉技术简介

轻型井从尺寸上来说属于管井，是一种微型管井。它是采用轻质、薄壁管材，优化的滤水结构，合理的成井工艺建成的一种小口径管井，其成井工艺与普通管井相同，但由于轻型井的造井材料、结构尺寸等不同于普通管井，因而在成井工艺的某些方法上与普通管井有较大的差别。

轻型井的主要特点是其不仅结构尺寸小，而且其打井机具、成井工艺以及机泵配套、管理等整个打井、取水过程都轻便、小巧、简单。

轻型井的井型主要有两种形式，即Ⅰ型和Ⅱ型。Ⅰ型主要用于地下水动水位小于 7m 的浅水区，配套采用离心式水泵；Ⅱ型用于地下水动水位大于 7m 的地区，配套采用小型潜水泵。因此，在工程规划设计时，井型选择应该首先摸清当地地下水常年埋深情况及动水位，然后因地制宜地做出Ⅰ型或Ⅱ型的选择。

根据地下水埋深大小、目前国内所用钻进机械特点、井用提水机械的特点以及水文地质条件，轻型井井型介绍以Ⅰ型为主，如图5-1所示。其结构形式主要有以下几种。

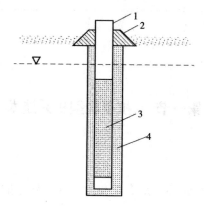

1—井壁管；2—井台；3—滤料；4—滤水管

图5-1　单管轻型井示意图

（一）　单管轻型井

井孔直径为150～200mm，井深为30～40m，井管为硬质ϕ110mmPVC塑料管，在井管的滤水部分开孔，直径为12mm，间距$d=50$mm，开孔率在12%左右，滤料粒径$d_{50}=5$～10mm，滤水管长为22～32m，井壁管长8m。

单管轻型井适合于潜水埋深比较浅的地区，一般情况下，潜水埋深不超过3m，提水机具为普通离心泵。

（二）　单管联井

单管联井是两眼或两眼以上的单管轻型井联合运用的一种形式，见图5-2。

采用单管联井的目的是降低轻型井单井的成本，并更大程度地发挥机泵的潜力和增大出水量，在同一个区域内打几眼井，然后用管道把这几眼井连接起来，用一台水泵抽水。经实践证明，这种方法可以增大出水量，缩短灌水时间，提高取水效率，减少能耗。但在实际应用中应注意，被连接的两个单管轻型井之间的距离不宜太长，以免因连接管道过长而增大水头损失，从而影响出水量；相距的距离也不能太短，因为两个单管轻型井之间的距离如果过短，则会造成两眼井之间的互相干扰，从而增大干扰降深，减少出水量。一般情况下，两眼单管型井之间的距离以 5m 左右为好。在井位的布置上，应尽量呈直线布置，并且尽可能垂直地下水的流向。

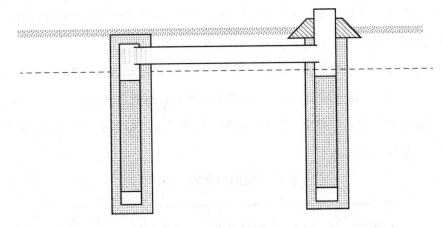

图 5-2　单管联井示意图

轻型井井管按工作和受力的情况一般可分为三段：水泵真空吸程以上至水泵连接弯头之间的井管为负压吸水段；水泵真空吸程以下至滤水管的底部为输水集水段，包括部分井壁管和全部的滤水管；滤水管以下为沉淀段。其示意图如图 5-3所示。

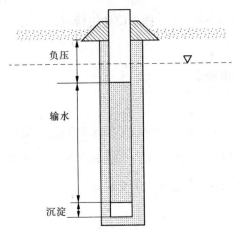

图 5-3　轻型井井管分段情况示意图

水井工作时，负压吸水段由于受水泵叶轮旋转形成负压的影响，含水层中的地下水由于压力差的作用而经过滤水管进入井中，经输水集水段和负压吸水段上行抽出井外。

水井在水泵抽水时，井管除承受周围土体压力外，同时承受由于井内外水头差所形成的附加水压和水泵的负压。

滤水管由于开孔而降低了井管的抗压、抗拉强度，是整个井管的薄弱部分，在实际应用中，应注意选择滤水管的管材，以免因滤水管强度不够而被压坏，从而造成井的报废。

负压吸水段的井管及其连接处除强度、刚度要满足要求外，其密封性能也应满足要求，以免因进气而造成水泵真空破坏，使水井不能正常工作而减少出水量。

根据轻型井的工作和受力情况，我们参照有关文献拟定了轻型井井管的有关物理力学指标，结果见表 5-1。

表 5-1　轻型井井管物理力学指标

物理特性	轴向抗拉	内水爆破压力	负压密封	扁平刚度（5%变形）
指标	5 倍井管自重	0.6 MPa	−90 kPa 下 15 min 保持下降≤5%	0.2 MPa

根据以上指标，我们选择 110mm 的 PVC 管作为井管管材，这种管材在银北地区即可买到，单根长度为 4m，每眼井可根据不同的地质情况，下 7～10 根管。这种管材具有质量轻、运输方便、施工简便等特点。

二、　轻型井的应用特点

轻型井灌溉排水技术，既可以解决旱季灌溉问题，又可以起到有效降低地下水位的作用。它能灵活地调控地下水位，合理开发利用水资源，而且可以有效地防治土壤次生盐碱化，保护生态环境不受破坏。

（一）　抗旱灌溉

宁夏回族自治区位于黄河上游，地处我国的西北部，多年平均降水为 200～400mm，因此干旱是影响农业生产的主要因素。自治区从新中国成立初期开始大面积引黄灌溉，用富饶的黄河水灌溉贫瘠的土地，使宁夏回族自治区拥有了"塞上江南"的美称。然而，由于重灌轻排，使许多土地重新盐碱化，特别是处于下游的银北灌区，如平罗县渠口乡李家沟试验区内，地下水位埋深仅 0.8m，地下水矿化度为 2g／L 左右，土壤次生盐碱化的威胁更加严重。试验区种植的作物主要为春播小麦和玉米，生育期一般需灌溉 2～3 次，然而，由于试区地处灌区末端，正常年份上游来水仅能保证 1 次灌水，而且不够及时。显而易见，在本区抽取地下水灌溉，利用井灌提高本区抗旱能力是十分必要的，这样既可以使作物得到适时适量的水分供应，也可以使水资源得到充分合理的利用。

（二） 调控地下水位

每年 2～5 月的灌溉开采可使地下水位下降到一年中水位最低的状态。在这期间，上层地下水位下降 1～1.5m。这既控制了春季的土壤返盐，避免了过多的潜水蒸发，又创造了土壤盐分淋洗条件，同时为汛期腾空了土壤的蓄水库容，减小了因上游排出余水而对下游造成的危害，可以蓄存大量的水量以为以后灌溉使用。通过井灌井排，使地下水动态模型由"补给－蒸发"型变为"补给－开采"型，从而使水生态由恶性循环向良性循环方向转化。

三、 轻型井布局规划

轻型井的布局需要根据当地水文地质条件进行确定。在确定各地的井群布局时，要根据实际情况及对灌溉和排水的具体要求而定。当要求局部地区在短时间内靠下降漏斗来维持地下水位时，井间距要布置得小一些；而在大面积区域调控地下水的情况下，井间距可布置得大一些。总之，在布置井群时要根据水井出水量的大小，对抽水时间长短和水位降深的大小以及其经济效益等要求，综合考虑而定。

水井的有效降深影响半径是指当水井抽水时，距水井最远控制处的地下水位应有一定的要求的降深。确定井半径要以当地水文地质条件为主要依据。在水文地质条件已知时，可根据水文地质参数用适当的公式进行计算，也可根据实际水井抽水资料确定相同水文地质条件地区的井半径。

（一） 机井的抽水试验

为了合理地布设井距，正确评价试验区的地下水资源量，需要获取真实的水文地质参数。因此，在该试验区进行了非稳定流抽水试验。

近年来，国内外已普遍把地下水非稳定流的理论应用于抽水试验，它只需要在选定的观测孔进行一段时间的水位降深观测，而不需要地下水动水位达到稳定，故应用比较方便。

根据承压水的非稳定流理论，建立泰斯公式如下：

$$S = \frac{Q}{4\pi KM} W（u）\tag{5-1}$$

式中　S——水位降深，m；

　　　Q——定流量，m³/d；

　　　K——渗透系数，m/d；

　　　M——含水层厚度，m；

　　　$W（u）$——井函数。

在井函数 $W（u）$ 中：

$$\left.\begin{aligned}u &= \frac{r^2}{4at} \\ a &= \frac{KM}{\mu}\end{aligned}\right\}\tag{5-2}$$

式中　r——观测孔到抽水中心距离，m；

　　　a——压力传导系数，m²/d；

　　　t——抽水时间，s。

若抽水时间较长，则 u 较小，泰斯公式便可简化为雅可布公式，即

$$S = \frac{0.183Q}{KM} （\lg t - \lg \frac{r^2}{2.25a}）\tag{5-3}$$

显然，公式中 S 和 t 在半对数纸上呈直线关系，其斜率 i 为

$$i = \frac{0.183Q}{KM}\tag{5-4}$$

于是，渗透系数为

$$K = \frac{0.183Q}{iM}\tag{5-5}$$

（二） 水位恢复试验

验证所求的水文地质参数是否正确，在抽水结束后对水位恢复情况进行了观测，即用水位恢复法进行核算。由于恢复水位过程中排除了抽水过程中一些因素的影响，因此是理想的验证方法。

抽水停止后，任意时间 t，距水井 r 处的降深 S 用下式表示

$$S = \frac{Q}{2\pi T} \ln \frac{R}{r} - \frac{Q}{2\pi T} W(u) \qquad (5\text{-}6)$$

式中　符号意义同前。

（三） 机井合理出水量的确定

根据水文地质条件确定机井合理出水量。

按潜水安装井选用裘布依公式估算出水量。单井出水量计算示意图如图 5-4 所示，单井出水量按下式计算：

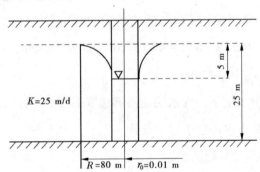

图 5-4　单井出水量计算图

$$Q = 1.364K \frac{(2H - S_0)\, S_0}{\lg \dfrac{R_0}{r_0}} \qquad (5\text{-}7)$$

式中　K——渗透系数，取 25m／d，即 1.042m／h；

　　　H——含水层厚度，取 25m；

　　　S_0——井中的设计水位降深，取 4m；

　　　R_0——影响半径，取 80m；

　　　r_0——井半径，取 0.011m。

将上述参数的取值结果代入上式，得到：

$$Q=1.364\times1.042\times\dfrac{(2\times25-4)\times4}{\lg\dfrac{80}{0.011}}=67.7\text{（m}^3\text{／h）}$$

（四） 滤水管有效滤水面积及允许流速校核

参考有关文献，把 3.0cm／s 作为滤水管进水流速的临界参考值。

单井设计出水量：$Q_{设}=42.38\text{m}^3\text{／h}$

滤水管的几何尺寸：$F=\pi D_{滤}L$

式中　F——滤水面积，m^2；

　　　　$D_{滤}$——滤水结构的外径，m，为 0.035m；

　　　　L——滤水管长度，m，为 25m。

有效滤水面积：

$$F_{效}=mF$$

式中　m——修正系数，取 0.35。

$F_{效}=\text{m}\pi D_{滤}\text{L}=0.35\times3.14\times0.035\times25=0.96\text{（m}^2\text{）}$

$V_{容}=Q_{设}／F_{效}=42.38\div0.96=44.15\text{（m／h）}=1.23\text{cm／s}$

$V_{容}=1.23\text{cm／s}<V_{临}=3.0\text{cm／s}$

因而，在设计出水量下，含水层的渗流速度不会产生管涌现象，孔壁将是稳定的，在以后的成井中也证明了这一设计。

（五） 合理井距和井数的确定

轻型井的间距在井网规划中是一个十分重要的数据，必须审慎确定。井距过小会形成井之间的强烈干扰，使机井不能发挥其效益；机井间距过大又会增大单井灌溉半径，使作物灌溉得不到充分保证。在宁夏回族自治区银北灌区平罗县渠口乡李家沟试验区，除要考虑满足灌溉要求外，还要考虑排除地下水埋深造成的盐碱化问题，这样就需要综合考虑灌区排水对下游的影响，调解土壤库容，使机井灌溉排水作用得以应用。

1. 根据水文地质参数确定井半径 R

在根据水文地质参数确定井半径时，应首先调查该地区含水层的水文地质结构、渗透系数等多方面的因素，然后根据轻型井的最优出水量、要求的最大抽水时间等因素，选择合适的公式进行计算。

2. 根据实际抽水资料确定井半径

根据单井抽水试验资料确定井半径 R。

四、 轻型井参数选择

（一） 合理井径的确定

轻型井使用的井管材料多为塑料管，国内外的实践经验证明，塑料井管具有一系列优点。它耐腐蚀且不受土壤和地下水酸、碱、盐的影响，不适宜细菌和其他微生物的生长，滤水管不易发生生物性堵塞。塑料管在地下，受温度变化影响很小，同时不受太阳紫外线的照射，使用寿命比其他管材要长。此外，由于塑料管质量比较轻，下管成井比较容易。

井径的大小将直接决定井的成本以及施工的难度。因此，井型设计时，井径的大小至关重要。在满足出水量的情况下，合理减小井径不仅可以直接节省井壁管和滤水管的造价，而且由于井径小，增大了井管抵抗侧向土压的性能，从而可以降低对井管的强度要求。

另外，从裘布依公式所反映的原理，井径的增大不会使出水量成比例地增大，出水量的增长率远远小于井径的增长率。银北灌区含水层厚达几十米，且多为砂层，具有良好的透水性能，只要设计出合理的滤水结构，采取正确的成井工艺，即便是小口径的井，也能得到相当满意的出水量。在本次试验中，选定井孔的开孔直径为200mm。

（二） 井管管材的确定

在选择井管的材料时，除要考虑井管本身的费用外，还要考虑井管的运输费用，应尽量就近取材，以减少运输成本。一般可选用 PVC 管作为井管，它具有材质轻、防腐能力强、使用寿命长、价格低、制作滤水管方便等特点。

（三） 滤水管结构的设计与校核

滤水结构设计的合理与否，将直接影响水井的出水量、出水效率和使用寿命。因此，在设计滤水结构时，必须综合考虑滤水管的侧向抗压强度、透水性、开孔率和防砂性能。滤水管开孔率的大小直接决定着地下水进井的流速，而只有当地

下水的进井流速 $v \leqslant v_{容许}$ 时，才能够保证不扰动含水层中的砂粒。

滤水管是井管最重要的组成部分，它决定着井的出水量和使用寿命。它的结构要求要能使地下水从含水层经滤水管流入井内时受到的阻力最小，即要有最大的透水性；又要能有效地拦截含水层中的泥沙，以防泥沙随水进入井内，影响井的使用寿命。因此，轻型井的滤水管一定要根据所处地区的水文地质条件和含水层的特性，设计出合理的滤水结构。

关于滤水管的合理结构，国内外进行了很多试验研究工作，综合国内外的资料，滤水管在设计时应满足以下几点要求：

（1）防止产生涌沙；

（2）滤水管的结构要能有效地防止堵塞；

（3）具有尽可能大的开孔面积；

（4）进水孔道要尽可能地均匀分布；

（5）要能够满足强度的要求，以防止在施工和使用过程中遭到破坏；

（6）要能有效地防止堵塞；

（7）要具有容易制作、使用耐久、运输方便等特点。

为满足滤水管的防沙要求，滤水管的进水孔眼和滤料的孔隙直径必须根据含水层的颗粒大小合理确定。

五、 轻型井的成井工艺

由于轻型井的开孔直径较小，仅为普通井的 $1/5 \sim 1/3$，取的是浅层水，深度也不大，加上水文地质情况，可钻性较好，比较容易钻进。因此，在钻机的选型上，轻型井的钻进工具应尽量轻型化，力求结构简单、轻便，机动性强，搬迁容易，成井速度快，操作简便，所需操作人员少，尽可能地降低钻进施工费用，以降低单井工程造价。

目前，一般选用水冲钻进行钻进。这种钻机利用钻头切削土层，然后由冲洗液把切削下来的泥土冲出地表，适合于松散地层的钻进。该钻机利用柴油机为动力，适合于电力配套不方便的地区，具有轻巧、移动方便的特点。但在钻进过程中，需要用冲洗液进行循环，以便把钻进过程中钻头切削下的泥土带出地表，所以在进行井点的选择同时，也应考虑到取水方便的问题。

（一）钻进工艺

1. 开钻以前的前期准备工作

钻机的架设应严格按操作规程进行，要求钻机稳定、水平，钻杆与地面垂直。在支钻机时，注意调整钻机的角度，使钻杆与地面垂直，若钻杆与地面不垂直，则易在钻进过程中造成事故。在开钻以前，应仔细检查钻机的工作状态是否良好，动力配套是否齐全等。

由于轻型井的开孔直径比较小，成孔深度在40m左右，加上宁夏银北地区的水文地质条件比较容易钻进，所以钻进的时间并不长。因此，在开钻以前，就应做好管材的准备及质量检查工作，确保管材的种类、数量、规格和质量符合成井的要求。

冲洗液在钻进过程中担负着保护孔壁和把钻进过程中形成的泥沙带出井孔的双重任务。在沙层中钻进，进尺较快，为了把大量由钻头切削下的泥沙排出井孔，要求泥浆的悬浮力和黏度比较大，这样才可以保持孔壁的稳定，不造成坍孔。但若使用过稠的泥浆，在下管、填滤料后，会给洗井工作带来比较大的困难，造成出水量小，不能满足生产、生活的要求。

对于中、细沙来说，要求泥浆的黏度为18～20s，在野外没有仪器测量时，可用手蘸一下泥浆，以手上略沾有薄薄一层泥浆、手纹还隐约可见为准。

泥浆池布置在距钻孔4～5m远的地方，在泥浆池与钻孔之间挖沟，用于冲洗液的循环。沟的坡度要求由钻孔向泥浆池逐渐升高，这样可以减小泥浆的流速，使泥浆中的泥沙沉积在循环沟中，避免泥沙过多地涌入泥浆池中，以减少淘沙工作量。

2. 钻进过程中的注意事项

钻进的基本要求是尽量不扰动井孔周围的含水层。钻进过程中，在满足井孔稳定性的前提下，尽量减少泥浆的用量，以免井孔内形成泥皮，堵塞含水层的孔隙，造成过大的进水阻力，减小井的出水量。

试验区轻型钻进孔选用的钻机是水冲钻，循环方式为正循环，它的工作原理是利用钻杆的自重把钻头压入土层，然后旋转切削土层，冲洗液由水泵压入钻杆，再由钻杆高速流出，将钻头切下的泥沙冲出井孔，经循环沟进入泥浆池，泥沙沉积在循环沟中，由人工持续地用锹挖出。钻机本身并不带加压设备。

在钻孔刚开始时，表层土为黏土或黄土，比较坚硬，而钻机所使用的钻杆比较短，自重不大，钻头上所承受的压力并不大，钻进比较困难。此时，应加大泵量，尽量利用水的冲击力来破坏土层的结构，加快钻进速度。在钻进的同时，还应注意钻杆是否与地面垂直，以保证成孔的质量。

在钻进过程中，泥浆的管理一般要注意以下几点：

（1）经常、及时地清除沉淀坑、循环沟内的泥沙，以降低泥浆中沙的含量；

（2）采用多坑、长槽的循环系统，以保证泥浆中的泥沙得到充分沉淀；

（3）稀释泥浆时，禁止直接把清水注入钻孔内，必须在泥浆池内把泥浆稀释后，再用泵把稀释后的泥浆注入钻孔内；

（4）冬季施工时，注意做好泥浆循环系统的防冻工作；

（5）在钻进的同时，要经常观测钻孔内返上来的泥浆黏度和含沙量的变化，使其能够满足钻进的要求；

（6）钻孔内的泥浆必须时刻注满，不得低于地平面，或能够从孔内自然流出孔外；

（7）若孔内发现异常情况，应根据具体情况，随时调整泥浆的指标。

由于沙层的结构比较松散，在钻进工作进入沙层时，冲洗液对于沙层结构的破坏比较大，加之钻杆增多，钻压增大，进尺比较快，切削的泥土比较多，需要加大水泵流量来排除。同时，由于冲洗液中含沙量的增大，循环沟中沉淀的沙也会相应增多，需要及时清除。若发现出沙不止，应及时增大泥浆的黏度，减小钻进的速度，并用大流量冲沙，待冲洗液中的含沙量减少后再继续钻进。

在一根钻杆钻进完成后，为防止钻孔中被切削下的泥沙未能被冲洗液带出钻孔而沉积在孔底，造成添加钻杆后钻杆不能下到工作深度，因此在添加完钻杆后，应先打开水泵，待冲洗液由孔口返出后，再将钻杆下到工作深度时进行钻进。

3. 成孔深度

钻孔的成孔深度视设计井深而定。由于轻型井的井径比较小，钻进过程中的泥沙不能完全被冲洗液带出井孔，在一段时间后沉积于孔底，使得井孔深度变浅。所以，在一般情况下，钻进孔深应比设计井管长度大 2m。

（二） 下管

下管是轻型井成井工艺中的关键程序。下管质量的高低直接影响井的出水量大小、水质的好坏及轻型井使用寿命的长短。对于这一关系轻型井成败的关键工序，必须高度重视，严格按要求进行施工。

在下管以前必须做好以下工作。

1．准备工作

为确保下管的质量，使下管工作能够有条不紊地按要求进行，在下管以前必须做好各项准备工作。

轻型井的钻进速度很快，40m 深的钻孔一般需 3～5h 即可成孔，因而在开钻前就应准备好管材、管材的连接材料和下管的设备。

本次试验所用井管为 ϕ110mm 的 PVC 管，单根长度为 4m，根据成孔深度，可选用 7～10 根管。井壁管为不开孔 ϕ110mm 的 PVC 管，根据水泵的真空吸程，井壁管设计长度为 8m，用 2 根 ϕ110mm 的 PVC 管即可，其下面就是滤水管。

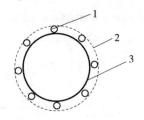

1—细竹竿；2—纱网；3—滤水管

图 5-5　滤水结构横断面

滤水管是在 ϕ110mm 的 PVC 管上间隔 5cm 均匀开孔，开孔直径 $D=10$mm，外面包裹 60 目纱网制成，其结构横断面如图 5-5 所示。为防止含水层中的泥沙堵塞滤水管的进水孔眼，纱网最好不要直接包裹在滤水管上，可在滤水管和纱网之间，加上一层直径为 1cm 左右的细竹竿，竹竿间距为 45mm 左右，一般 1 根滤水管外用 8 根细竹竿即可，见图 5-5。沿竹竿方向，间隔 40cm 左右，用 20 号铁丝捆扎。这样既可以增大滤水管的过水面积，又可在每根滤水管的各个进水孔之间形成一个连通的过水通道，防止由于含水层中的沙堵塞纱网的孔眼而影响出水量。

由于采用的是薄壁 PVC 管，滤水管又在管子上开孔，降低了管材的强度，承受不了过大的径向压力，特别是局部径向压力。因此，在滤水管的运输过程中，应小心搬运，下管前应检查滤水管有无压扁、局部塌陷、裂缝以及其他局部变形等。这些局部变形会使管材的径向抗压强度急剧减小，在井下因承受不了滤料的不均匀挤压而导致井的报废。对于井壁管，则需仔细检查管子上有无裂缝、孔眼和漏气的地方。

轻型井所用管材的单管长度较大，因此接头较少，连接工作量不是很大，但要注意接头质量，尤其是井壁管的连接，一定要注意接头的密封性能，若密封不好，则可能因井壁管进气而导致水泵工作效率低下甚至抽不上水来。

轻型井井管的连接比较方便，一般在出厂时，管子上已经扩好图 5-6 螺钉连接示意图口，只要用 PVC 胶水粘接即可。

值得注意的是，PVC 胶水需要几个小时才能凝固，在 PVC 胶水未凝固时，接头处容易脱落。为防止在下管期间井管连接处脱落而造成事故，可在接头处穿入 3 个 $\phi 4 \times 5$ mm 的木螺钉，连接示意图见图 5-6，PVC 管螺钉连接承荷试验结果见表 5-2。

表 5-2   PVC 管螺钉连接承荷试验结果

螺钉数	8 个	4 个	3 个
承荷数	334.3 kgf	334.3 kgf	334.3 kgf
试件状态	无损	无损	无损

2. 清洗钻孔

终孔停钻以后，由于钻孔中的泥沙含量比较大，泥沙颗粒的沉积会造成孔底的淤积，使钻孔的实际深度变浅。因此，在下管之前必须用清水长时间冲孔。清水冲洗的另一个功能是可以破坏钻孔壁上在钻进过程中所形成的泥皮，起到初步洗井的作用。清洗钻孔的具体做法是：采用正循环，用泥浆泵输送清水到孔底，再由孔口返回到地面之上，借水的循环带出孔底的淤积物，同时利用水流冲洗孔壁。

清洗钻孔持续的时间根据冲洗效果而定，要求由孔口返回到地面之上的水中不含沉淀固体颗粒为准。一般情况下，冲洗 2~4h，基本上就可以达到要求。

3．测量孔深

轻型井开孔直径较小，所能容纳沉淀物的能力有限，在终孔后 0.5h 左右，孔内循环水中所含的泥沙颗粒沉淀，就能使井底淤积 1～2m。为保证下管时有足够的深度，在下管之前必须测量孔深，核对井管的长度。在实际施工中，井管长一般比孔深小 2m 左右为好。

4．井管封底、加重及扶正

轻型井的井管在下入井孔之前必须封底，以防止含水层中的泥沙进入井内，并在抽水过程中，随水流抽出井外，以免损坏水泵的叶轮。封底可用 3～4 层纱网包裹管口，用铁丝扎紧。

由于井孔中的冲洗液的比重比 PVC 管的比重大，PVC 管在冲洗液中呈漂浮状态，因此在下管时需加轴向力才能使井管顺利下入井内。为保证井管的垂直和下管的顺利进行，必须在井管下端添加一定的重量，以确保井管的自重大于所受的浮力，从而可在井孔中自由下沉。加重多少可由下式计算：

$$P > (\gamma_{水}H_1 - \gamma_{PVC}H_2)S_{管} \tag{5-8}$$

式中　P——井管的最小配重；

　　　$\gamma_{水}$——水的容重，清水时可取 1.0，一般下管时取 1.2～1.3；

　　　γ_{PVC}——塑料管的比重；

　　　H_1——井管的淹没长度；

　　　H_2——井孔深度；

　　　$S_{管}$——井管的横断面面积。

当地下水埋深较浅时，可取 $H_1 = H_2$，则有：

$$P > (\gamma_{水} - \gamma_{PVC})S_{管}H_1 = (\gamma_{水} - \gamma_{PVC})V_{管} \tag{5-9}$$

式中　$V_{管}$——塑料井管浸入水中的体积。

考虑到下管过程中，井管与孔壁接触产生摩擦阻力，影响井管的顺利下入，附加质量要大一些。由于摩擦阻力无法确切计算，根据经验表明，配重为 15～20kg，即可保证下管的顺利进行。

加重方法是：可在封底之前，在井管内装入小卵石或其他比重比较大的小块物质。

井管放入井孔后，井管必须位于井孔中心，才能保证成井的质量，否则会因填砾厚度不均，容易造成出现浑水和涌沙等现象，甚至还会使井管因受力不均而遭到破坏。

井管的扶正可用方木或木条制作扶正器，用 10 号铁丝绑扎两道固定。每根隔 3～4m 加设一套扶正器。扶正器的安装方法如图 5-7 所示。

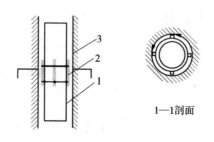

1—孔壁；2—扶正器；3—井管

图 5-7　木制扶正器

5. 下管

下管是轻型井成井工艺中一道非常重要的工序。轻型井的井管质量较轻，下管过程不需提吊设备，一般情况下用 5～6 个人即可将井管下入井孔内。但在下管过程中，最好指派 1 人担当指挥，协调其他人的动作，以防止由于用力方向错位，将井管损坏。

下管的准备工作就绪后即可开始下管。具体操作规程是：先将井管竖起，将井底端插入井孔，然后用手扶住井管，让井管靠自重下沉；当管口下沉至孔口 1m 左右时，用手固定井管，将管口内的尘土擦净，然后抹上 PVC 胶水，再将第二根管子的小头插入第一根管子的大头中，并在管子接头处穿入 3 个木螺钉；为防止水的侵蚀而对 PVC 胶的固结强度产生影响，在每个管子接头处，用封箱胶带缠绕 3～4 圈。

应该指出的是，下管过程要缓慢进行，原则上是要依靠井管的自重下沉，但当下管过程中遇到阻力过大，井管不易下沉时，可稍停片刻，待水进入井管后，再稍微用力下压，这样即可将井管顺利下入井孔。

6. 井管固定

井管下入到井孔预定深度后，必须在井口把井管固定，以防止上部井管在自重的作用下继续下沉，导致下部的滤水管被压坏。固定方法比较简单，只要用管夹夹持住井壁，搁置于井口的固定垫木之上即可。在未填滤料之前，不要让井管自由下沉。填完滤料后，为了防止井管在抽水过程中下沉，还应继续夹持井管一段时间。

轻型井井管质量轻，管夹承受重量不大，无须用太厚的钢材制作，一般用普通的热扎扁钢板制作即可，如图 5-8 所示。

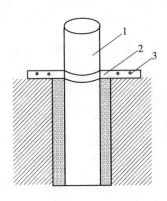

1—井管；2—管夹；3—螺丝孔

图 5-8　井管固定示意图

（三）　围填滤料

滤料是滤水结构的重要组成部分，在轻型井中不仅起滤水作用，而且对孔壁起支撑作用。滤料回填质量不高，将影响井的出水量，增大井水的含沙量，甚至会造成井壁掉块而挤坏井管。因此，这一工序必须予以高度重视。

对轻型井所用滤料的要求比较严格。一般要求滤料的直径为含水层有效粒径的 8～10 倍，过大或过小均不宜使用。滤料直径过大，孔隙大进水多，但不能有效拦沙、滤水，以致大量泥沙通过滤料层，淤塞纱网的进水孔眼，反而降低了透水性能；滤料颗粒过小，则会使滤料层阻力增大，透水性能降低，而且将拦阻水流和极细沙粒，不能使周围含水层中的一部分沙粒形成"天然过滤层"，因而会影响水井的出水量。

滤料以天然圆粒的砂砾为最好，如用机械粉碎的石灰岩屑，必须进行严格的筛分和冲洗，但不能用砖渣、瓦片或炉渣代替，以免影响成井质量和出水量。滤料的规格可根据含水层的岩性，参考表 5-3 来选择。

表 5-3　含水层岩性与滤料规格

含水层岩性	含水层颗粒料径 （mm）	规格滤料 （mm）	混合滤料 （mm）
粉沙	0.05 ~ 0.1	0.75 ~ 1.5	1 ~ 2
细沙	0.1 ~ 0.25	1 ~ 2.5	1 ~ 3
中沙	0.25 ~ 0.5	2 ~ 5	1 ~ 5
粗沙	0.5 ~ 2	4 ~ 7	1 ~ 7

轻型井井孔直径较小，孔深较浅，因此所需滤料的数量较普通井要少得多。所需滤料的方量可按下式估算：

$$V = \pi \left(R_{孔}^2 - R_{管}^2 \right) H \qquad (5\text{-}10)$$

式中　$R_孔$——井孔直径，m；

　　　$R_管$——井管外径，m；

　　　H——井孔深度，m。

按式（5-10）估算的方量是理论方量，而实际需要的数量要比理论计算得到的数值大 1～2 倍。

滤料围填是一项细致的工作。为保证填料均匀，应用手从井管四周均匀投入，也可在井管上倒扣小锅或专门制作类似漏斗状的东西，用铁锹把滤料倒在上面，滤料即向四周均匀下滑落入井管外的环状间隙。填料期间，严禁用铁锹从一侧倒入滤料，以防挤坏井管。

在填料过程中，要经常用测绳测试所填高度，以免滤料蓬塞或一边高一边低，挤坏井管。当滤料发生蓬塞时，可用木棒轻轻敲击井管，以消除滤料蓬塞。此方法可在填料过程中使用，边填边敲，这样滤料就不易发生蓬塞。

在测试填料高度时，要注意滤料的沉降时间。滤料的沉降时间视井孔内泥浆情况和滤料的比重、粒径而定。当泥浆较稀，滤料的比重和粒径较大时，沉降就快些；当泥浆较稠，滤料的比重和粒径较小时，相对的沉降速度就小些。所以，测量所填滤料的沉淀时间要根据井孔的实际情况适当掌握，也可参考下式计算滤料沉降速度，然后根据所填深度计算出沉降时间：

$$v = K \sqrt{\frac{\delta(\gamma_2 - \gamma_1)}{\gamma_1}} \qquad (5\text{-}11)$$

式中　　v——滤料下沉速度，cm/s；

　　　　K——系数，取决于颗粒的形状，一般情况下，$K=23\sim51$，球状颗粒的 K 值大，因滤料及黏土球皆近似于球形，故 K 值常为 $35\sim40$；

　　　　δ——填入滤料颗粒的直径；

　　　　γ_1——泥浆比重，一般采用井孔中部的泥浆比重；

　　　　γ_2——填入滤料的比重。

（四）　洗井

　　无论是用人工钻进的井孔还是机械钻进的井孔，也无论是用清水还是泥浆钻进的井孔，在下管、填滤料以后，其井孔内、滤水管孔眼或滤料层里，以致井外附近含水层内总有许多泥浆残留，阻碍水流的畅通，如果不把这部分泥浆彻底洗净，该眼井就不能很好地正常工作，即使当时出水量比较大，但日久也会变少或呈现淤塞。因此，洗井既是成井的最后一关，也是成井质量好坏的关键一道工序。洗井不但可以洗出施工中所用的泥浆，使含水层中一部分极细砂粒通过滤料层及滤水管孔眼进入井内，然后清除出去，而且在人工所填的滤料层以外，可以把含水层内砂粒按粗细顺序排列，形成相当宽度的"天然过滤层"。有了这三道关口，即天然过滤层、人工滤料层和骨料适宜的滤水管，才能保证该眼井的出水量正常，不致产生淤沙，最后可以长期起到滤水拦沙的作用。

　　在从沙层取水的机井上洗井抽水时，要先慢后快，先小水量后大水量，洗井时要不停地抽水。如果泥浆太稠，洗井时出水量往往较少，有可能难以继续抽水洗井，这时可以抽抽停停，但停车每次重新启动后亦应如此。出现上述情况时，如经观测其抽水时间越来越长，停的时间逐渐缩短，那就说明这眼井是可以洗好的，但需坚持洗下去，否则搁置日久，泥浆沉淀，淤积于滤料层或滤水管孔内，就不易洗好，将影响该井的出水量。

　　洗井成功的标准是：抽水含沙量小，出水量多而稳定。

　　轻型井在下管之前已经进行了较长时间的清洗井孔的工作，井底所沉淀的泥浆已基本被带出地面，钻进过程中在井壁形成的泥皮也有一定程度的破坏，但井孔周围含水层一定范围之内的细颗粒以及进水孔道的堵塞仍存在。为了更加彻底地破坏孔壁上的泥皮，清除钻进过程中渗入含水层中的泥浆，以及把靠近滤料部位的含水层中的细小颗粒清除出去，使滤料和含水层的颗粒重新按其大小顺序自然排列，形成良好的地下水过滤层，仍然需要进行洗井工作。

轻型井因其井径较小，井管不一定十分顺直，洗井的方法受到限制。根据轻型井的结构特点，常用的洗井方法有以下两种。

1. 活塞洗井

活塞洗井能破坏井孔泥浆壁，可以清除井管内、滤料层或渗入含水层中的泥浆。采用活塞洗井，能显著地提高洗井效率，缩短洗井时间，保证洗井效果，使机井达到最大正常出水量。因此，采用泥浆钻进的机井应尽量采用这种洗井方法。

活塞洗井原理是活塞借助于钻杆或抽筒的压力下入井中，冲击井水，使活塞下部的井水因受活塞压力，透出滤水管，使滤料层以至含水层近处受到冲击。当提起活塞时，井内活塞下部形成负压，在负压的影响下，使井外的水以很高的速度流向井内，如此，上提下冲，就会在短时间内破坏井孔泥浆壁，抽出渗入滤水管孔眼内、滤料层以及含水砂层中的泥浆。同时，把进入井中的极细沙粒清洗出去，使含水砂层可以逐步在人工滤料层以外，形成"天然过滤层"。

活塞的构造是以铁法兰盘夹住胶皮垫，作一组或数组卡在一节直杆上。铁法兰盘直径要比井管内径小 30～40mm，每组胶皮垫重叠厚度为 30mm 左右。每个活塞之间用 200～300mm 长的相应直径的圆套管隔开，底部用螺母紧固。

洗井时，应由第一个含水层所对的滤水管开始，自上而下逐层抽洗，抽清完一层后再洗下一层。活塞在井内时间不宜过长，开始抽拉时千万不要把活塞一直下到井底，否则，容易被流进井内的泥沙埋住。

活塞洗井的时间根据每眼机井的具体情况而不同，一般洗到水内含沙及泥浆很少时即可停止。在粗沙以上的含水层，洗至井内不再进沙时为止；在中沙、细沙含水层中，拉开泥壁，抽清泥浆，直至进入极细沙。

2. 抽水洗井用水泵以大流量抽水，造成井中水位下降，井周围含水层中的水在较大水头差的作用下，以较大流速进入井内，破坏孔壁上形成的泥皮，带出孔壁含水层中的细颗粒，从而达到疏通含水层孔隙的目的。

（五）井头处理

轻型井井管材料为 PVC 管，管壁比较薄，强度低，经受不住撞击，在使用过程中容易受到损坏，而且 PVC 管在空气之中也比较容易老化。为了保证轻型井的正常使用，延长井的使用寿命，需要对井口进行处理和保护。

由于轻型井井径比较细，所能容纳的杂物有限，为了防止外来杂物进入井中，在地面以下约 1m 处加装拍门，拍门下部与井管相接，上部接 1m 左右的橡胶管，橡胶管的直径与所用水泵相配套，作为抽水时的进水管。

拍门在不抽水时处于关闭状态，能够有效地防止外来杂物进入井内，如果有杂物进入橡胶管内，一般情况下用手即可排除杂物；抽水时，拍门在水流的冲击下开启，使水流顺利通过拍门进入水泵。在轻型井的上部加装拍门以后，拍门可以将不慎落入井内的杂物阻挡在离地面 1m 左右的地方，防止杂物进入井的深部，落入井内的杂物可以很方便地排除。拍门上的橡胶管如因使用时间过长而老化，可以挖开井周围的土层，更换橡胶管。

在非灌溉季节或水泵停抽时，可以将井口盖上，然后用土掩埋，这样，可以有效地防止井口受到破坏，还可以延缓橡胶管的老化速度。

六、 机泵配套

轻型井的机泵配套与一般的井并没有原则上的差异，但因其井管直径小，所以不能安装吸水管粗大的离心泵和体积较大的潜水泵。根据宁夏银北地区地下水埋深比较浅、含水层水量比较丰富等特点，水泵配套形式为井泵对口抽，即轻型井的井壁管兼作水泵的吸水管。

机井出水量（Q）和抽水时的水位降深（S）是相联系的。没有水位降深的概念，就不可能说出井的出水量是多少，因而在机井的使用过程中，确定井的合理降深是至关重要的。若降深太小，则出水量也小，这样就不能充分发挥机井的潜力；若降深太大，根据裘布依公式，出水量的增加并不十分明显，反而增加了水泵的扬程，加大了能耗。因此，井的最优出水量的确定就显得至关重要。

机井最优出水量的大小不仅受到含水层的富水性、地下水的补给条件、机井结构和成井质量等因素的影响，还受经济效益方面的制约。也就是说，轻型井该配何种泵，提多少水而能得到较大的经济效益。

机井运行分为效益和费用两部分，如图 5-9 所示，直线代表效益随流量变化情况，曲线代表费用随流量变化情况。DE 段代表以此流量抽水获得效益最大。

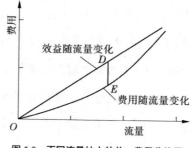

图 5-9 不同流量抽水效益、费用曲线图

机井出水量的效益是机井本身投资运行水量的价值。在这里并不是直接计算农业增产所获得的效益。

下式是根据野外调查、抽水试验资料，由目标函数最大法推导的迭代公式：

$$Q_{i+1}=\sqrt{\frac{\dfrac{K_1}{K_2K_3}-h-2aQ_i-3bQ_i^2}{4c}} \tag{5-12}$$

其中：

$$K_3=\rho g \ / \ (1000\times3600\eta)$$

$$S=aQ+bQ_2+cQ_3$$

式中　K_1——当地水费；

　　　K_2——当地能源费；

　　　ρ——水的密度；

　　　g——重力加速度；

　　　η——水泵总装置效率；

　　　h——含水层平均埋深；

　　　S——水位抽降；

　　　a、b、c——系数。

将抽水试验观测数据代入上式，计算可得最优出水量为 40m³ / h 左右。由于当地田间电力配套设施不全，水泵选型采用手压把式离心泵，其额定出水量在 40m³ / h 左右，扬程为 15m。动力配套为 4.0kW 的电动机或机动三轮车、手扶拖拉机。

第二节 软管灌水技术

地面软管灌水技术是近些年来群众创造的一种较好的灌水技术，它通过水泵加压由软塑料管直接将水送至田间，凡有水源的地方，均可使用这种灌水技术。其灌水方法简单，安装使用方便，省工省水，灌水后土壤不易板结，节省投资，机动灵活，适应性强，输水利用效率高，目前已在农村广泛应用于温室、大棚、小棚、地膜覆盖栽培保护地、大田作物抗旱灌溉等。

根据软管在田间出水方式的不同，通常把软管灌水分为软管畦沟灌水、软管开孔滴水型灌水和软管开小孔喷洒型灌水三种形式。

一、 软管畦沟灌水技术

软管畦沟灌水技术是利用软管将水直接输送至田间畦和沟内，或直接将水输送至作物根部进行灌溉。目前，在地形复杂的丘陵等严重缺水地区使用很普遍，这种类型区布置喷灌、滴灌等工程造价较高，操作复杂，而布置软管灌溉既省水又灵活方便。特别是利用雨水集蓄作水源时，通过地埋管道将水送至田间地头，按不同的间距布置供水阀门（有的地方称为灌桩），在需要灌溉时打开阀门用移动软管将水直接供给作物进行灌溉。

二、 软管开孔滴水型灌水技术

软管开孔滴水型灌水技术是一种不使用滴头，而直接在塑料薄壁管上打孔，直接向田间输水灌溉的一种灌水软管。具有省工、省水和结构简单、价格便宜等优点，主要用于温室、大棚、小棚、地膜覆盖的田间作物。其工作压力低，利用供水水箱等即可满足灌溉要求。

三、 软管开小孔喷洒型灌水技术

软管开小孔喷洒型灌水技术是与地面灌溉技术相结合的实用技术，其通过地面给供水阀门供水，然后用多孔管将水输送到田间进行均匀喷洒。它的主要作用是提高了软管的灌水效率，缩短了灌水时间，减少了灌水定额，也减少了土地平整的费用。它广泛用于大田矮秆作物，特别在小麦冬春季的季节性灌溉中发挥了很大的作用。

软管管长一般根据地块要求进行布置，但尽量不超过 50m，否则管径将加大，或均匀度下降。管径一般选用ϕ63mm 或ϕ75mm 的 PE 软管。每亩次灌水定额一般为 20～25m³。

第三节　　田间抗旱灌溉技术

经过多年的灌溉实践，通过农艺措施和种植技术的改进，有多种田间抗旱灌溉技术得到了推广和应用，如：坐水种技术，育苗移栽技术，地膜穴灌技术，注射灌溉技术，瓦罐渗灌技术，秸秆覆盖技术。

一、 坐水种技术

坐水即是在每个种子坑中注水，以满足种子发芽需水，是一种抗旱型半灌溉技术。坐水播种技术适宜在春旱严重造成无法按时播种和正常出苗，或由于土壤墒情差，作物出苗率低，影响全年产量，出苗后一般能赶上雨季，正常年份降水基本满足后期生长需要的地区使用。坐水播种的方法为挖坑或开沟、坐水、播种、盖土，注水的深度一般应超过播种深度，以利于与底墒相接，增强抗旱能力。注水量每穴 2～3L，每亩 6～9m³。采用坐水播种的方法，可以适时播种，提高播种质量，达到苗全、苗壮的目的。坐水播种要有可靠的水源和取水、运水设备。

二、 地膜穴灌

地膜穴灌是在抗旱坐水播种的基础上进行的。播种后覆上地膜，当作物出苗快顶到地膜时，选择温暖天气将地膜呈十字形划破，待苗长出地膜后，再把播种坑扩大为灌水孔，即地膜集流穴。灌水时可每孔根据植株大小人工灌少量水，保证作物成活，同时地膜集流穴可以收集天然降雨时降到其他部分膜上的雨水，提高降雨的利用率。地膜穴灌还可先将土地整成沟垄相间的田面，灌水时水流通过放苗孔渗入土中，再通过毛细作用湿润作物根区。

三、 人工洞灌

春季作物出苗后，如遇较长时间干旱，就会严重影响作物生长发育，此时如果其他灌溉措施无法满足或无法到达，可以进行人工洞灌法抗旱保苗。具体做法是：在幼苗根部附近，用直径 2～3cm 的尖头木棒，由地面斜向根部插－20～30cm 深的洞穴，然后在洞内灌水 1～2L，待水渗入后，用干土将洞口封闭，以减少蒸发。这样可缓解旱情，使作物度过干旱期。

四、 注射灌溉技术

注射灌溉技术是从水源取水后，通过输水软管与注射设备相连接，将注射器直接向作物根部注水，从而抗旱保苗的一种灌溉技术。注水器可利用喷雾器加手持喷枪，也可用移动软管进行注水，每个孔穴注水 1～2L 即可。

五、 瓦罐渗灌技术

瓦罐渗灌技术利用的瓦罐是不上釉的粗黏土烧成的，四周有微孔（也有在罐壁按一定间距钻直径为1mm微孔的），瓦罐底部不打孔，上口加盖，盖中心留10mm直径圆孔，供进排气及向罐内注水用。灌水时需人工向罐内注水，每罐容积 3～4kg，水从罐四周微孔渗出到作物根区。播种时随即埋设瓦罐，适宜株行距较宽的果树、瓜类、玉米等作物上进行抗旱保苗和灌关键水用。

第六章　　其他节水灌溉工程技术

一、　污水灌溉技术

利用污水进行灌溉是将城市污水进行处理后用于农业灌溉的一种开源节流的灌溉方式。在利用污水灌溉时，应先对污水进行沉淀、筛滤，除去固体污物，有的还需加入消毒杀菌剂。污水灌溉的土壤以砂壤土、壤土和壤质砂土为好，水量应结合作物的种类和生育期确定，如在作物苗期、早春和晚秋应少灌。实施污水灌溉要防止大定额灌溉，以免造成地表及地下径流，灌溉强度以不造成土壤黏闭和不产生地表径流为原则。当污水水质不符合灌溉水质标准时，可采用清水污水混合方法，使混合后的水质符合灌溉要求后再进行灌溉。如果污水灌溉的作物是蔬菜，最好只用于作物生育前期，在作物收获前一段时间应停止污水灌溉。此技术较复杂，最好在专家指导下运用。

二、　咸水灌溉技术

咸水灌溉技术是当地表水水质不能满足灌溉要求时，采取不同水质的水混灌和轮灌的灌溉技术。

混灌是将两种不同的灌溉水混合使用，包括咸淡混灌、咸碱（低矿化碱性水）混灌和两种不同盐渍度的咸水混灌，目的是降低灌溉水的总盐渍度或改变其盐分组成。混灌在提高灌溉水水质的同时，也增加了可灌水的总量，使以前不能使用的碱水或高盐渍度的咸水得以利用。

轮灌是根据水资源分布、作物种类及其耐盐性和作物生育阶段等交替使用咸淡水进行灌溉的一种方法。如旱季用咸水，雨后有河水时用淡水；强耐盐作物（如棉花）用咸水，弱耐盐作物（如小麦、玉米、大豆）用淡水；播前和苗期用淡水，而在作物的中、后期用咸水。

三、 利用空气中的水分进行灌溉

利用空气中的水分进行灌溉就是通过一定的设施来收集空气中的水分，直接供给植物利用或汇集到蓄水池中；以供灌溉之用。对于沙漠地区和缺乏淡水的沿海地区，利用空气中的水分进行灌溉是一种可取的方法，但如何降低成本，提高效率和实用性是今后应着重解决的问题。

四、 化学保水剂技术

保水剂是一类功能性高分子聚合物，在国际上有聚丙烯酰胺型和淀粉接枝型两种。保水剂含有大量亲水性基团，利用渗透压和基团亲和力可吸收自身重量成百倍的水分，由于分子机构交联，分子网络所吸收水分不能用一般物理方法挤出。因此，分子网络越密，吸水速率越慢，凝胶强度越高，稳定性和使用寿命越长。

目前，国际上的主流产品是聚丙烯酰胺型，其凝胶强度高，使用寿命可长达五六年。保水剂形态有颗粒、粉末和片状等三种，颗粒和片状通透性较好，寿命较粉末的长。需要指出的是，保水剂并非吸水倍率越高越好，它的综合性能是由吸水倍率、速率和凝胶强度等决定的。但是保水剂不是造水剂，其本身不能制造水分，对植物起的是间接调节作用，只有在具备一定的土壤水分条件，在降水、灌溉等适当配合下，保水剂才能发挥其吸水、保水的作用。由于我国对保水剂的市场开发起步较晚，所以人们对保水剂的认识还不够，这给市场推广带来了一定困难。另外，现阶段保水剂在生产、销售方面还没有一套切实可行的国家标准，由于缺乏国家标准，现在各厂家生产的产品，其含量构成等方面都存在一定的差异，在使用方法上也不尽相同。此外，不同的地理位置、不同的气候、不同的立地条件都会影响到使用效果。

第七章　灌溉自动化

自动灌溉控制系统是将计算机技术、检测技术、传感技术、通信技术、节水灌溉技术、施肥技术、农作物栽培技术及节水灌溉工程的运行管理技术有机结合起来，通过计算机程序，构筑成集土壤水分、作物生长信息和气象等资料于一体的自动监测系统，并依据监测各设备回传的检测结果来决定灌溉量与灌溉时间的自动调控系统，广泛应用于大田、温室的作物灌溉中。

第一节 自动灌溉系统的工作原理和特点

自动灌溉系统由中央控制计算机、传感器、数据采集系统、电磁阀及软件系统组成，制定各自相应的灌溉制度（最适宜作物生长、生育的土壤含水率指标上下限，灌溉区域的风速值、雨量值），并通过传感器将测得的土壤墒情实时传输给中央控制系统，由计算机判断是否需要灌溉。当土壤含水率指标小于设定的下限值时，计算机自动打开电磁阀灌溉；当土壤含水率指标大于设定的上限值时，控制系统将自动关闭相应田间的电磁阀，停止灌溉。

自动灌溉系统主要有以下特点：

（1）自动灌溉系统采用先进的全自动反冲洗过滤系统，组装简单，反冲洗次数少，抗腐蚀能力强，自动清洗效果好。

（2）自动灌溉系统采用先进的水肥混合技术，可自由设定施肥时间和管道冲洗时间，施肥均匀性高，浓度可调，根据作物种类和生长的不同阶段进行调节，使用方便。

（3）自动灌溉系统除全自动控制外，系统还允许管理人员采用半自动、手动等控制方式，控制方式多样化，适应多样化的管理。

（4）自动灌溉系统采用的是智能决策灌溉，杜绝了人工开启阀门的随意性，保证了灌溉精度，方便对农作物灌溉、施肥的管理。

（5）自动灌溉系统由于采用自动灌溉控制，可很好地保证灌溉时间、灌溉水量、灌溉精度，使灌水量得到了有效的保证。

（6）应用自动灌溉系统，由于电磁阀的开启均由中央监控室统一管理，可节省大量的劳动力，从而大大节省了人力成本。

第二节　　自动灌溉系统分类

自动灌溉系统按控制的物理量可分为时间型、压力型、空气湿度型、土壤湿度型、雨量型和综合型等。

一、　时间型

时间型自动灌溉系统控制的物理量为灌水时间。可以通过预先设定好的开启时间和关闭时间自动运行，比如：每天 08：00～09：00，16：00～17：00 运行。也可以预先设定好开启时间和关闭时间的间隔，比如在育苗中使用的微喷灌，为了保持一定的湿度，在不使用空气湿度传感器的情况下，设定开启 10s，关闭 5min 连续运行的方法就可基本满足要求。

此类控制器制造简单，使用方便，成本低，适用范围广，能以较少的投资提高生产效率。

二、 压力型

压力型自动灌溉系统控制的物理量为灌溉系统管道中的压力，目的是提高灌水均匀性，一般与变频控制器结合使用。对于使用压力相同的灌溉系统，只需在系统中布置一个压力传感器即可，对于有几种使用压力的系统，需要根据情况在控制器处对每种压力进行设定。

此类控制器较复杂，成本较高，一般在对灌水均匀性要求较高的场合下使用。

三、 空气湿度型

空气湿度型自动灌溉系统控制的物理量为空气湿度，目的是控制空气中的湿度，为作物生长创造适宜的环境，一般与微喷灌结合使用。此类系统在温室、大棚中应用较多，特别是育苗，与控制时间的第二种方式类似，但更准确。一般是在控制器中设定空气湿度的最大值、最小值，通过空气湿度传感器探测空气湿度，当空气湿度达到最小值时，启动微喷灌系统加湿；当空气湿度达到最大值时，关闭微喷灌系统。

此类控制器较简单，使用方便，但目前应用较少。

四、 土壤湿度型

土壤湿度型自动灌溉系统控制的物理量为土壤湿度，目的是控制土壤中的含水量，一般与滴灌、渗灌系统结合使用。此类系统应用较广，可在大田、温室大棚中使用，与空气湿度控制系统类似，也是在控制器中设定土壤湿度的最大值、最小值，通过土壤湿度传感器探测土壤的含水量，当土壤湿度达到最小值时，启动灌溉系统；当土壤湿度达到最大值时，关闭灌溉系统。

此类控制器较简单，使用方便，但与时间型控制器相比，成本较高。

五、 雨量型

雨量型自动灌溉系统控制的物理量为降水量，目的是控制灌水量，一般与喷灌、微喷灌结合使用。通过雨量传感器采集灌溉降水量，当达到设定值时关闭系统。

六、 综合型

综合型就是同时控制上述物理量中的几种，达到综合控制和较高自动化程度。如时间＋压力，时间＋压力＋空气湿度（土壤湿度／雨量），时间＋空气湿度（土壤湿度／雨量）。一般在程序中设定好开启、关闭系统的条件，当某个量或几个量满足条件时就执行动作。

按控制系统的复杂程度又可分为简易型、多路控制型和中央计算机控制型。

（1）简易型。此种类型一般适合小面积使用。比如时间型多为 1 路输出，控制 1 台设备（水泵、电磁阀等）；空气湿度（土壤湿度／雨量）型一般为 1 路采集信号，1 路或 2 路控制信号。

（2）多路控制型。此种类型有多路输入、输出信号，能控制多台设备，适合较大面积使用，一般可控制几十亩至数百亩，与微机控制型相比，虽然操作不太直观、方便，但基本能满足自动控制的要求，而且价格较低，适合目前我国的国情，应用前景较好。

（3）中央计算机控制型。此种类型使用中央计算机作为控制主机，配合编制的软件，能非常直观地进行操作、控制，多路控制型可作为其子系统，根据需要可以无限扩展子系统，适合于大面积应用。该系统可通过微机的软件输入数据，并能显示各个设备的状态和数据，还能保存这些数据，为决策提供参考。将与植物需水相关的气象参数（温度、相对湿度、降水量、辐射、风速等）通过自动电子气象站反馈到中央计算机，计算机会自动决策当天所需灌水量，并通知相关的执行设备，开启或关闭某个子灌溉系统。除以上控制器外，还有对单个部件进行控制的系统，如过滤器控制器。由于节水灌溉，特别是滴灌和微喷灌，所用的灌水器内部水流道尺寸较小，水中存在各种杂质，容易堵塞，所以要配套合适的过滤器，过滤器在使用过程中自身也容易堵塞，造成进出口的压力差，当这个压力差的值较大时通过的水量就不能满足灌溉的要求，有时甚至会使过滤器爆裂，所以要经常对过滤器进行清洗。但是，人工清洗的方式不能很好地掌握时间，也影响系统的使用，所以就出现了能自动清洗的过滤器。还有对施肥进行精确控制的控制器，它能通过传感器采集土壤中盐分含量或植物体内的营养成分，判断所需补充的肥料种类和施肥量，当达到设定值时，就启动相关设备进行施肥。

第三节　　自动灌溉系统方案的设计

一、　测量参数

在进行自动化灌溉控制时，由于不同的作物对水分的需求量是不一样的，且土壤温度也是决定是否灌溉的一个重要参数。因此，在设计时，测量参数需考虑到土壤水分和土壤温度。

（一）　土壤水分测量

土壤水分是土壤的重要组成部分，土壤水分的测量是实施节水灌溉、按需灌溉的基础。目前，适宜用于自动灌溉控制系统中的土壤水分测量方法为负压式传感器法。用负压式传感器法来测量土壤的水分，具有田间原位测定、快速直读、不破坏土壤结构、价格低廉、无放射性物质、安全可靠、便于长期观测和积累田间水势资料等优点，是一种低成本的直接测量方法，能够连续测量土壤含水量。

（二）　土壤温度测量

由于控制系统中对于土壤温度的测量要求不是很高，因此在进行系统设计时要求选择一个价格低、性能好、电路简单、具有一定精度的温度传感器。目前，常用的测温传感器有热电偶、热电阻、热敏电阻和半导体集成温度传感器等。在实际应用中，半导体温度传感器由于具有小型化、线性好、低成本、易于电路设计或控制电路接口等优点，最适合用在控制系统中测量土壤温度。

另外，至于其他的参数，如土壤盐分、作物叶面蒸腾量等，在测量参数已足够和简化系统降低成本的前提下，可以不用考虑测量。

二、 传感器数量

针对土壤情况不同，需要的传感器数量也不同。有的土壤一致性好，只需一个传感器测量土壤墒情；有的土壤一致性差，需要多个传感器来测量土壤墒情。同时，土壤的面积有大有小，也决定了需要不同数量的传感器。一般在设计时连接三个负压式土壤水分传感器、一个温度传感器。

三、 作物缺水判断

不同的作物对水分的需求是不同的，周围环境不同，作物的需水量也会有所不同；即使同一作物，在不同生长阶段对水分的需求也不同。因此，作物缺水判断是控制系统通用性设计中的一个难点。在设计时，控制仪器则应具有允许操作者通过键盘设定判断土壤缺水标准的功能。对不同作物，农业专家可凭经验设定不同的判断值来实现作物按需灌溉。这样，不仅能充分利用农业专家的经验，还可以使自动化灌溉控制仪器适用于许多不同作物，提高了仪器的通用性。

四、 灌溉控制方式

目前，我国各个设施农业中灌溉系统的水源状况不一样，有的采用电机控制水流，有的采用水泵加压后才能进行灌溉，有的采用电磁阀代替手动阀门控制水流灌溉。因此，控制系统在设计时要考虑到控制信号的通用性，既能控制电机、水泵，又能控制电磁阀。设计时，由于这三种输水设备均是通过接通电源工作的，因此可在输水设备的电源线上加一个开关，由控制系统来控制开关的闭合，即可实现由控制系统完成灌溉的自动化控制。

不同土壤渗水能力也不同，砂土渗水能力强，而黏土渗水能力较弱。在灌溉时，如果是黏土土壤，因为水分不能及时渗入土壤深层，致使土壤吸力传感器不能准确判断土壤是否已经灌溉结束，导致实际浇水量已足够而系统设备仍在继续浇灌，从而没有达到节水的目的。因此，在设计时，考虑到不同土壤的渗水能力，可设计几种不同的灌溉方式，针对不同的土壤选择不同的与之相适应的灌溉方式，以保证能够达到节水的目的。

五、　系统软件设计

系统软件在整个系统运行中起着核心的作用。在设计时，系统软件采用 WEB 界面的 C / S 软件结构。逻辑上系统由界面子系统、监控子系统、通信子系统、内存数据库管理子系统构成。界面子系统主要是将测控仪送来的当前土壤水分和温度检测结果通过数码管显示出来；通信子系统则是将设定的各项参数值发送给测控仪，并接收测控仪发送来的检测数据；监控子系统根据设定的自动灌溉条件自动开、关灌区电磁阀门完成自动灌溉。

在进行软件设计时，应充分考虑各种农作物的灌溉制度，在确定各农作物的生育期及土壤含水量和灌水定额的基础上进行软件设计，以便在应用系统时，用户可直接在计算机内输入农作物的相关信息，系统则可准确地计算出各农作物的适宜土壤含水量和每次的灌水额，用于指导系统的准确运行。

第四节　　自动灌溉控制系统组成

自动灌溉控制系统由传感器、远程控制单元（RTU）及控制器组成，如图 7-1 所示。

传感器可监测风向、风速、太阳辐射、气温、湿度和降雨等日常天气状况。传感器定时把数据反馈到控制器中。中央控制系统通过追踪土壤水分蒸发、蒸腾总量和其他传感数据对天气状况监控做出反应，并按实际天气状况自动修改灌溉程序。在降雨的时候，减少或停止灌水；在天气炎热的时候，自动增加灌水量。

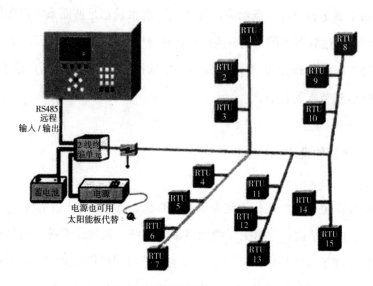

图 7-1　自动灌溉控制系统组成示意图

整套系统的心脏是控制器，它控制整个系统。控制器有一个特殊的界面（2线 RTU 界面）通过 RS485 通信方式与 2 线 RTU 连接，2 线 RTU 界面与所有 RTU 单元通信，并且为这些 RTU 提供电源。

控制器的核心是 2 芯单电缆系统，就是利用 2 芯单电缆来连接半径 10km 范围内的远程控制单元，从而连接控制系统中的阀门及水表。

远程控制单元（RTU）具有与控制器通信的能力，它把从控制器收到的命令转出或者把收集到的信息发回控制器。

输出为控制 2 线 12V 直流脉冲型电磁头，输入为干接触式，整个系统设计为低能耗直流系统，它甚至可以通过太阳能来运行。

一台控制器可以连接几条电缆线，每一条电缆线最多可以连接 60 个 RTU。控制器会不停地扫描这些 RTU。

第五节　　自动灌溉控制系统运行操作

灌溉系统运行时的操作步骤如图 7-2 所示。

具体操作步骤如下：

（1）将灌溉系统中所有进水阀和检修阀打开，所有排水阀关闭。

（2）田间电磁阀旋钮置于自动状态。

（3）检查首部操作间电源是否正常，电压是否稳定，水泵是否正常工作。

（4）打开控制器总电源，启动控制器。

（5）计算机处于开机工作状态，启动灌溉管理软件，如图7-3所示。

（6）编辑灌溉程序，设定灌溉时间和开始时间，设定施肥量和施肥时间，设定喷雾开启温度和停止湿度。

（7）当到达灌溉时间时，田间对应的灌区按照计算机指令自动轮灌，当运行完设定的时间后田间所对应的灌区电磁阀关闭。

（8）计算机存储和打印报表。

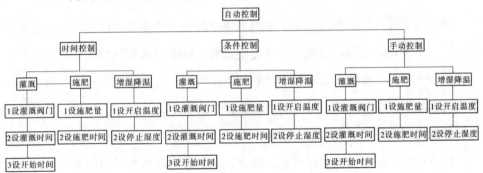

图 7-2　自动灌溉控制系统运行操作示意图

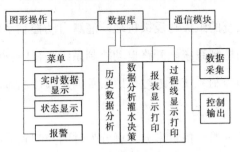

图 7-3　自动灌溉控制系统管理软件运行示意图

第八章　精准节水灌溉控制系统体系

第一节　灌溉控制系统的分类

　　精准节水灌溉控制系统在整个灌溉系统中起着至关重要的作用，它决定着在什么时间灌溉是恰当的，灌溉多少水是适量的。精准节水灌溉控制系统是一个跨学科的研究方向，既包含自动控制学科、电子学科、人工智能学科，也包含土壤学科及植物生理学科，是多种学科的高效融合。

　　灌溉控制系统的分类方法有多种。

　　按照控制系统的控制方法来分，灌溉控制系统可以分为手动控制、半自动控制及全自动控制。

　　按照自动控制系统的组成与反馈机理，灌溉自动控制系统可以分为开路自动控制系统和闭路自动控制系统。开路自动控制系统是按照预先设定的时间启、关灌溉系统；闭路自动控制系统是通过传感器数据反馈，通过软件分析确定灌溉系统启、关时间。

　　按照自动控制系统的被控量来分，可分为时间控制和某一参数（例如：土壤含水量、植物茎体含水量等）控制。时间控制方式是根据用户需求设定灌溉系统的启、关时间；而根据某一参数控制方式是通过传感器数据设定来达到控制灌溉系统的启、关目的。

　　按照组网方式，灌溉自动控制系统又可以分为单点式控制系统、网络式控制系统。单点式控制系统具有控制精度高、可靠性好、反应速度快等优点，但也有控制面积小，控制成本高等缺点。网络式控制系统在继承了单点式控制系统优点的基础上，与信息网络互连，构成远程监控系统，真正实现了精准灌溉的自动化及精准化。

目前精准节水灌溉控制系统以网络式为主，针对精准节水灌溉控制系统的研究主要包括硬件组成和软件控制算法两部分。本章主要介绍网络式精准控制系统的组成和软件控制算法。

第二节　　精准节水灌溉控制系统网络组成

精准节水灌溉控制网络一般为局域网，作用范围一般在几千米之内，将控制区域内的测控设备（电磁阀、传感器等）连接为功能各异的自动化系统。控制网络遍布控制范围的各处，其与信息网络互连，构成远程监控系统。按照有线和无线可将网络划分为基于现场总线式精准灌溉控制系统和无线传感器网络精准灌溉控制系统两大类。

一、　基于现场总线式灌溉控制系统

计算机网络、通信与控制技术的发展，导致自动化系统的深刻变革。信息技术正迅速渗透到灌溉现场的设备层，覆盖从灌溉设备到远程管理的各个方面，沟通从灌溉需求、灌溉实施到灌溉调度乃至资源规划的各个环节，逐步形成以控制网络为基础的灌溉监控系统。

（一）　现场总线技术简介

现场总线原本是指现场设备之间公用的信号传输线，以后又被定义为应用在生产现场，在测量控制设备之间实现双向串行多节点数字通信的技术。随着技术的不断发展和更新，现场总线已经成为控制网络技术的代名词。它在离散制造业、流程工业、交通、楼宇、国防、环境保护以及农、林、牧等各行各业的自动化系

统中具有广泛的应用前景。

现场总线以测量控制设备作为网络节点，以双绞线等传输介质为纽带，把位于生产现场、具备了数字计算和数字通信能力的测量控制设备连接成网络系统，按公开、规范的通信协议，在多个测量控制设备之间，以及现场设备与远程监控计算机之间，实现数据传输与信息交换，形成适应各种应用需要的自动控制系统。

现场总线控制系统属于网络化控制系统。这是继基地式气动仪表控制系统、电动单元组合式模拟仪表控制系统、集中式数字控制系统、集散控制系统后的新一代控制系统。

基于现场总线的数据通信系统由数据的发送设备、接收设备、作为传输介质的现场总线、传输报文、通信协议等几部分组成。

（二） 现场总线的技术特点

现场总线有如下技术特点。

（1）系统的开发性

开发系统是指通信协议公开，各不同厂家的设备之间可进行互连并实现信息交换，现场总线开发者要致力于建立统一的工厂底层网络的开放系统。

（2）互可操作性与互用性

互可操作性是指实现互连设备间、系统间的信息传送与沟通，可实行点对点，一点对多点的数字通信。而互用性则意味着不同厂家的性能类似的设备可进行互换而实现互用。

（3）现场设备的智能化与功能自治性

它将传感测量、补偿计算、工程量处理与控制等功能分散到现场设备中完成，仅靠现场设备即可完成自动控制的基本功能，并可随时诊断设备的运行状态。

（4）系统结构的高度分散性

由于现场设备本身已可完成自动控制的基本功能，使得现场总线构成一种新的全分布式控制系统的体系结构，从根本上改变了集散控制系统集中与分散相结合的集散控制系统体系，简化了系统结构，提高了可靠性。

（5）对现场环境的适应性

现场总线支持双绞线、同轴电缆、光缆、射频、红外线、电力线等，具有较强的抗干扰能力，能采用两线制实现送电和通信，并可满足安全防爆的要求。

（三）　现场总线的优点

由于现场总线的以上特点，特别是现场总线系统结构的简化，使控制系统从设计、安装、投入运行到正常生产运行及检修维护，都体现出优越性。

（1）节省硬件数量与投资

由于现场总线系统中分散在现场的智能设备能直接执行多种传感器控制报警和计算功能，因而可减少变送器的数量，不再需要单独的调节器、计算单元等，也不再需要集散控制系统的信号调理、转换、隔离等功能单元及其复杂接线，还可以用工控计算机作为操作站，从而节省大笔硬件投资，并可减少控制室的面积。

（2）节省安装费用

现场总线的接线十分简单，一对双绞线或一条电缆上通常可挂接多个设备，因而电缆、端子、槽盒、桥架的用量大大减少，连线设计与接头校对的工作量也大大减少。当需要增加现场控制设备时，无须增设新的电缆，可就近连接在原有的电缆，既节省了投资，也减少了设计、安装的工作量。据有关典型实验工程的测算资料表明，可节约安装费用 60%以上。

（3）节省维护开销

由于现场控制设备具有自诊断与简单故障处理的能力，并通过数字通信将相关的诊断维护信息送往控制室，用户可以查询所有设备的运行，诊断维护信息，以便早期分析故障原因并快速排除，缩短了维护停工时间，同时由于系统结构简化、连线简单而减少了维护工作量。

（4）用户具有高度的系统集成主动权

用户可以自由选择不同厂商所提供的设备来集成系统。避免因选择了某一品牌的产品而限制了使用设备的选择范围，不会为系统集成中不兼容的协议、接口而一筹莫展，使系统集成过程中的主动权牢牢掌握在用户手中。

（5）提高了系统的准确性与可靠性

由于现场总线设备的智能化、数字化，与模拟信号相比，它从根本上提高了测量与控制的精确度，减少了传送误差。同时，由于系统的结构简化，设备与连线减少，现场仪表内部功能加强，减少了信号的往返传输，提高了系统的工作可靠性。

此外，由于它的设备标准化，功能模块化，因而还具有设计简单，易于重构等优点。

二、 几种常用的总线控制网络

目前，根据总线格式的不同，有多种总线形式，下面重点介绍几种在精准灌溉控制领域常用的总线控制网络。

（一） CAN 总线

CAN（Controller Area Network）即控制器局域网络。由于其高性能、高可性能、高可靠性及独特的设计，CAN 越来越受到人们的重视。20 世纪 80 年代初，德国的 BOSCH 公司就提出了用 CAN 总线来解决汽车内部的复杂硬信号接线。目前，其应用范围已不再局限于汽车工业，而向过程控制、纺织机械、农用机械、机器人、数控机床、医疗器械及传感器等领域发展。

1993 年 11 月国际标准化组织（ISO）正式颁布了道路交通运输工具、数据信息交换、高速通信控制器局域网国际标准 ISO 11898CAN 高速应用标准和 ISO 11519CAN 低速应用标准，这为控制器局域网的标准化、规范化铺平了道路。CAN 具有如下特点。

1）CAN 为多主方式工作，网络上任一节点均可以在任意时刻主动地向网络上其他节点发送信息，不分主从，通信方式灵活，无须地址等节点信息。利用这一特点可方便地构成多机备份系统。

2）CAN 网络上的节点信息分为不同的优先级，可满足不同的实时要求。

3）CAN 采用非破坏性总线仲裁技术。当多个节点同时向总线发送信息时，优先级较低的节点会主动地推出发送，而最高优先级的节点可不受影响地继续传输数据，从而大大节省了总线冲突仲裁时间，尤其是在网络负载很重的情况下也不会出现网络瘫痪情况（以太网则可能会出现网络瘫痪）。

4）CAN 只需通过报文滤波即可实现点对点、一点对多点及全局广播等几种方式传递接收数据，无须专门的"调度"。

5）CAN 的直接通信距离最远可达 10km，（速率 5Kbit/s 以下）；通信速率最高可达 1Mbit/s（此时的通信距离最长为 40m）。

6）CAN 上的节点主要取决于总线驱动电路，目前可达 110 个；报文标识符可达 2032 中（CAN2.0A），而扩展标准（CAN2.0B）的报文标识符几乎不受限制。

7）采用短帧结构，传输时间短，受干扰概率低，具有极好的检错效果。

8）CAN 的每帧信息都有 CRC 校验及其他检错措施，保证了数据出错率极低。

9）CAN 的通信介质可为双绞线、同轴电缆或光纤，用户可灵活选择。

10）CAN 节点在错误严重的情况下具有自动关闭输出功能，以使总线上其他节点的操作不受影响。

（二） LonWorks 智能控制网络

美国 Echelon 公司于 1992 年成功推出 LonWorks 智能控制网络。LON（LocalOperating Networks）总线是该公司推出的局部操作网络，Echelon 公司开发了 LonWorks 技术，为 LON 总线设计和成品化提供了一套完整的开发平台。其通信协议 LonTalk 支持 OSI/RM 的所有 7 层模型，这是 LON 总线最突出的特点。LonTalk 协议通过神经元芯片（Neuron Chip）上的硬件和固件（Firmware）实现提供介质存取、事务确认和点对点通信服务，还有一些如认证、优先级传输、单一/广播/组播消息发送等高级服务。网络拓扑结构可以是总线型、星型、环型和混合型，还可实现自由组合。另外，通信介质支持双绞线、同轴电缆、光缆、射频、红外线和电力线等。应用程序采用面向对象的设计方法，通过网络变量把网络通信的设计简化为参数设置，大大缩短了产品的开发周期。

高可靠性、安全性、易于实现和互操作性，使得 LonWorks 产品应用非常广泛。它广泛应用于过程控制、电梯控制、能源管理、环境监视、污水处理、火灾报警、采暖通风和空调控制、交通管理、家庭网络自动化等。LON 总线已成为当前最流行的现场总线之一。LonWorks 有如下技术特点。

1）开放性：网络协议开放，对任何用户平等。

2）通信媒介：可用多种媒介进行通信，包括双绞线、电力线、光纤、同轴电缆、无线（RF）、红外等。而且在同一网络中可以有多种通信媒介。

3）户操作性：LonWorks 通信协议 LonTalk 是符合国际标准化组织定义的开

放互连模型。任何制造商的产品都可以实现互操作。

4）网络结构：可以是主从式、对等式或客户/服务器式结构。

5）网络拓扑：有星型、总线型、环型以及自由型。

6）网络通信采用面向对象的设计方法。LonWorks 网络技术称之为"网络变量"，它使网络通信的设计简化为参数设置，增加通信的可靠性。

7）通信的每帧有效字节数可从 0 到 228B。通信速率可达 1.25Mbit/s，此时有效距离为 130m；78Kbit/s 的双绞线，直接通信距离长达 2700m。

8）LonWorks 网络控制技术在一个测控网络上的节点数可达 32000 个。

9）提供强有力的开发工具平台：LonBuilder 与 Nodebuilder。

10）LonWorks 技术核心元件：Neuron 芯片内部装有 3 个 8 位微处理器和 34 种 I/O 对象及定时器/计数器，另外还有具有 RAM、ROM、EEPROM、LonTalk 通信协议等。Neuron 芯片具有通信和控制功能。

（1）改善了 CSMA，采用可预测 P 坚持 CSMA，这样，在网络负载很重的情况下，不会导致网络瘫痪。

LonWorks 智能控制网络包括以下几个组成部分。

1）LonWorks 节点和路由器；

2）LonTalk 协议；

3）LonWorks 收发器；

4）LonWorks 网络和节点开发工具。

LonWorks 技术的核心是神经元芯片，其典型代表 TMPN3150 的内部结构图如图 8-1 所示。

（三）　HART 通信协议

HART（Highway Addressable Remote Transducer）协议最初由美国 Rosemount 公司开发，已应用了多年。作为一个公开的协议，只要用较少的费用即可购买这一标准的全部文件。目前世界上已有上百家公司宣布支持、使用这一协议。

HART 协议采用基于 Bell202 标准的 FSK 技术，在低频的 4～20mA 模拟信号上叠加幅度为 0.5mA 的音频数字信号进行双向数字通信，数据传输率为 1.2Mbps。由于 FSK 信号的平均值为 0，不影响传送给控制系统模拟信号的大小，保证了与现有模拟系统的兼容性。在 HART 协议通信中主要的变量和控制信息由 4～20mA 传送，在需要的情况下，另外的测量、过程参数、设备组态、校准、诊断信息通过 HART 协议访问。

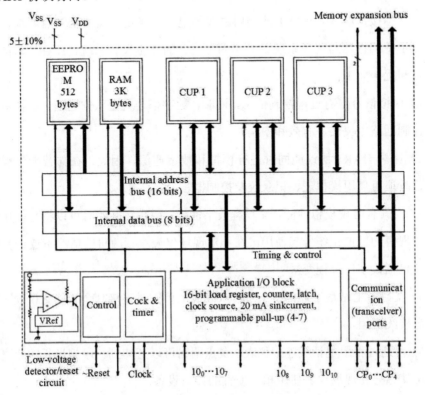

图 8-1　Neuron 芯片（TMPN3150）内部结构图

HART 通信采用的是半双工的通信方式，其特点是在现有模拟信号传输线上实现数字信号通信，属于模拟系统向数字系统转变过程中过渡性产品，因而在当前的过渡时期具有较强的市场竞争能力，得到了较快发展。HART 规定了一系列命令，按命令方式工作。它有三类命令，第一类称为通用命令，这是所有设备都理解、都执行的命令；第二类称为一般行为命令，所提供的功能可以在许多现场设备（尽管不是全部）中实现，这类命令包括最常用的现场设备的功能库；第三类称为特殊设备命令，以便于工作在某些设备中实现特殊功能，这类命令既可以在基金会中开放使用，又可以为开发此命令的公司所独有。在一个现场设备中通常可同时存在这三类命令。

　　HART 采用统一的设备描述语言 DDL。现场设备开发商采用这种标准语言来描述设备特性，由 HART 基金会负责登记管理这些设备描述并把它们编为设备描述字典，主设备运用 DDL 技术来理解这些设备的特性参数而不必为这些设备开发专用接口。但由于这种模拟数字混合信号制，导致难以开发出一种能满足各公司要求的通信接口芯片。HART 能利用总线供电，可满足本质安全防爆要求，并可组成由手持编程器与管理系统主机作为主设备的双主设备系统。HART 通信协议的特点和优势如下。

1）模拟信号带有过程控制信息，同时，数字信号允许双向通信。这样就使得动态控制回路更灵活、有效和安全。

2）因为 HART 协议能同时进行模拟和数字通信，因此，在与智能化现场仪表通信时还可使用模拟表、记录仪及控制器。

3）既具有常规模拟性能，又具有数字性能，用户在开始时可以将智能化现场仪表与现有的模拟系统一起使用。在不对现场仪表进行改进的情况下逐步实现数字化，包括数字化过程变量。

4）支持多主站数字通信：在一根双绞线上可同时连接几个智能化仪表，因此节省了接线费用。

5）可通过租用电话线连接仪表：多点网络可以延伸到一段相当长的距离，这样就可使远方的现场仪表使用相对便宜的接口设备。

6）允许"问答式"及成组通信方式。大多数应用都使用"回答式"通信方式，而那些要求有较快过程数据刷新速率的应用可使用成组通信方式。

7）所有的 HART 仪表都使用一个公用报文结构。允许通信主机，如控制系统或计算机系统与所有的与 HART 兼容的现场仪表以相同的方式通信。

8）采用灵活的报文结构。允许增加具有新性能的新颖智能化仪表，而同时又能与现有仪表兼容。

9）在一个报文中能处理 4 个过程变量。测量多个数据的仪表可在一个报文中进行一个以上的过程变量的通信。在任一现场仪表中，HART 协议支持 256 个过程变量。

（四）FROFIBUS

PROFIBUS 是一种国际化、开放的、不依赖于设备生产商的现场总线标准。

它广泛应用于制造业自动化、流程工业自动化和楼宇、交通、电力等其他自动化领域。

PROFIBUS 由以下三个兼容部分组成。

1）PROFIBUS-DP：用于传感器和执行器级的高速数据传输，它以 DIN19245 的第一部分为基础，根据其所需要达到的目标对通信功能加以扩充，DP 的传输速率可达 12Mbit/s，一般构成单主站系统，主站、从站间采用循环数据传输方式工作。它的设计旨在用于设备一级的高速数据传输。在这一级，中央控制器（如 PLC/PC）通过高速串行线同分散的现场设备（如 I/O、驱动器、阀门等）进行通信，同这些分散的设备进行数据交换多数是周期性的。

2）PROFIBUS-PA：对于安全性要求较高的场合，制定了 PROFIBUS-PA 协议。PA 具有本质安全特性，它实现了 IEC1158-2 规定的通信规程。PROFIBUS-PA 是 PROFIBUS 的过程自动化解决方案，PA 将自动化系统和过程控制系统与现场设备，如压力、温度和液位变送器等连接起来，代替了 4～20mA 模拟信号传输技术，在现场设备的规划、敷设电缆、调试、投入运行和维修等方面可节约成本 40% 之多，并大大提高了系统功能和安全可靠性。因此，PA 尤其适用于石油、化工、冶金等行业的过程自动化控制系统。

3）PROFIBUS-FMS：它的设计是旨在解决车间一级通过性通信任务，FMS 提供大量的通信服务，用以完成以中等传输速率进行的循环和非循环的通信任务。由于它是完成控制器和智能现场设备之间的通信以及控制器之间的信息交换，因此它考虑的主要是系统的功能而不是系统响应时间，应用过程通常要求的是随机的信息交换（如改变设定参数等）。强有力的 FMS 服务向人们提供了广泛的应用范围和更大的灵活性，可用于大范围和复杂的通信系统。

为了满足苛刻的实时要求，PROFIBUS 协议具有如下的特点。

1）不支持信息段大于 235B（实际最大长度为 255B，数据最大长度 244B，典型长度 120B）。

2）不支持信息组块功能。由许多短信息组成的长信息包不符合短信息的要求，因此，PROFIBUS 不提供这一功能。（实际使用中可通过应用层或用户层的制定或扩展来克服这一约束）

3）协议不提供由网络层支持运行的功能。

4）除规定的最小组态外，根据应用需求可以建立任意的服务子集。这对小系统（如传感器等）尤其重要。

5）网络拓扑是总线型，两端带终端器或不带终端器。

6）介质、距离、站点数取决于信号特性。例如，对屏蔽双绞线，单段长度小于或等于 1.2km，不带中继器，每段 32 个站点。（网络规模：双绞线，最大长度 9.6km；光纤，最大长度 90km；最大站数，127 个）

7）传输速率取决于网络拓扑和总线长度，从 9.6kbit/s 到 12Mbit/s 不等。

8）在传输时，使用半双工，异步，滑步（Slipe）保护同步（无位填充）。

9）报文数据的完整性，用海明距离（HD）=4，同步滑差检查和特殊序列，以避免数据的丢失和增加。

10）地址定义范围为：0～127（对广播和群播而言，127 是全局地址），对区域地址、段地址的服务存取地址（服务存取点 LSAP）的地址扩展，每个 6bit。

11）使用两类站：主站（主动站，具有总线存取控制权）和从站（被动站，没有总线存取控制权）。如果对实时性要求不苛刻，最多可使用 32 个主站，总站数可达 127 个。

12）总线存取基于混合、分散、集中 3 种方式：主站间用令牌传输，主站与从站之间用主—从方式。令牌在由主站组成的逻辑令牌环中循环。如果系统中仅有一主站，而不需要令牌传输。这是一个单主站—多从站的系统。最小的系统配置由一个主站和一个从站或两个主站组成。

13）数据传输服务有两类：非循环和循环（轮询）。

（五）RS-485 总线

在数据通信、计算机网络以及分布式工业控制系统当中，经常需要使用串行通信来实现数据交换。目前，有 RS-232、RS-485、RS-422 几种接口标准用于串行通信。RS-232 是最早的串行接口标准，在短距离（<15m），较低波特率串行通信当中得到了广泛应用。其后针对 RS-232 接口标准的通信距离短，波特率比较低的状况，在 RS-232 接口标准的基础上又提出了 RS-422 接口标准、RS-485 接口标准来克服这些缺陷。

RS-485 价格比较便宜，能够很方便地添加到任何一个系统中，还支持比 RS-232 更长的传输距离、更快的速度以及更多的节点。RS-485、RS-422、RS-232C 之间的比较如表 8-1 所示。

表 8-1　RS-485、RS-422、RS-232 电气性能比较

规范	RS-232C	RS-422	RS-485
最大传输距离	15 m	1 200 m（速率100 kbit/s）	1 200 m（速率100 kbit/s）
最大传输速度	20 kbit/s	10 Mbit/s（距离12 m）	10 Mbit/s（距离12 m）
驱动器最小输出/V	±5	±2	±1.5
驱动器最大输出/V	±15	±10	±6
接收器敏感度/V	±3	±0.2	±0.2
最大驱动器数量	1	1	32单位负载
最大接收器数量	1	10	32单位负载
传输方式	单端	差分	差分

可以看出，RS-485 更适用于多台计算机或带有微控制器的设备之间的远距离数据通信。

相对于工业控制领域，精准灌溉系统控制的复杂程度并不高；对于数据传输错误、数据包丢失等问题并不是不可接受的。在大面积灌溉，布设传感器数量较多的情况下，现场总线的成本和稳定性是首要考虑的因素。综合考虑各种因素，RS-485 作为系统总线成为首选。

目前，基于 GSM/GPRS 网络的通信主要有两种方式：SMS 和 GPRS.GSM 短消息业务的优点主要体现在通信时不需要拨号，因此特别适用于通信时不需要建立直接电路连接的应用场合，同时软件设计也比较简单。但是，如果通信只采取短消息方式，将会带来如下问题：①网络繁忙时会导致短消息堵塞、延时，有时甚至带来数据丢失；②如果传输数据量较大，通信频率较高，费用将比较高。

相比之下，在 GSM 基础上发展起来的 GPRS 技术，则有其优越之处。首先 GPRS 网络传输速率较高，一般是 30～50kbit/s，理论上最高达 17112kbit/s，而 GSM 低于 916kbit/s；另外，GPRS 还有永远在线、快速登陆、切换自如和按流量收费等特点。GPRS 非常适合不连续的、突发的、小段数据量的数据传输。因此，在技术发展成熟的基础上，现在一般都采用如下的 GPRS 通信方式：监控中心位

于 Internet 中，拥有一个固定的公网 IP 地址，终端通过 GPRSModem 拨号上网，访问监控中心，并将数据发送到监控中心。但是，这种方式下，又会产生一些新的问题。

如果监控中心主机的 IP 不是公网地址，即监控中心没有一个固定的公网 IP 地址（例如当前大部分 ADSL 用户的 IP 地址是动态分配的情况），那终端将不能直接访问中心。

针对以上问题，我们的终端采取了 SMS 和 GPRS 自主切换的通信方式。①以短消息方式把控制中心当前的 IP 地址发送到终端，终端接到短信后主动连接控制中心，连接建立后以 GPRS 方式和中心进行数据和控制命令的收发。降低了通信成本，提高了实时性和可靠性。②当控制中心确实没有网络连接时可以完全采用短信息的方式与终端进行交互。

以上各种总线网络都可以应用到精准灌溉控制网络中，不论采用任何形式的控制网络，只要遵循其网络协议，建立合适的网络控制关系，以植物含水量及土壤含水量作为控制依据，电磁阀作为被控对象，设定精准的植物水分及土壤水分控制阈值，在相应的网络通信协议下，严格控制阀门开启与关闭，都可以达到按植物生命需水状况精准节水灌溉的目的。

三、 基于 Zigbee 无线传感器网络的精准灌溉控制系统

（一） 无线传感器网络简介

无线传感器网络是随着微电子技术、无线通信技术、计算机技术、自动化技术的快速发展和日益成熟而产生的重要新技术。无线传感器网络是指由部署在监控区域内的大量廉价微型传感器节点组成，通过无线电通信方式组成的多跳自组织网络系统。无线传感器网络新技术的出现为灌溉控制系统信号的实时采集、传输、处理和分析提供了解决方案，为灌溉控制系统的研究开拓了新思路。无线传感器网络技术具有以下优点。

1）智能化程度高；

2）信息实时性强；

3）覆盖广域空间；

4）支持多路传感器数据同步采集；

5）灵活性强；

6）产品成本低；

7）系统可扩展性好。

ZigBee 联盟成立于 2001 年 8 月。2002 年下半年，英国 Invensys 公司、日本三菱电气公司、美国摩托罗拉公司以及荷兰飞利浦半导体公司四大巨头共同宣布，它们将加盟"ZigBee 联盟"，以研发名为"ZigBee"的下一代无线通信标准，这一事件成为该项技术发展过程中的里程碑。

ZigBee 的基础是 IEEE802.15.4，这是 IEEE 无线个人区域网（PersonalArea Network，PAN）工作组的一项标准，被称做 IEEE802.15.4（ZigBee）技术标准。EEE 仅处理低级 MAC 层和物理层协议，因此 ZigBee 联盟对其网络层协议和 API 进行了标准化。每个协调器可连接多达 255 个节点，而几个协调器则可形成一个网络，对路由传输的数目则没有限制。ZigBee 联盟还开发了安全层，以保证这种便携设备不会意外泄露其标识，而且这种利用网络的远距离传输不会被其他节点获得。

ZigBee 主要应用在短跟离范围之内并且数据传输速率不高的各种电子设备之间。其典型的传输数据类型有周期性数据（如传感器数据）、间歇性数据（如照明控制）和重复性低反应时间数据（如鼠标）。根据 ZigBee 联盟目前的设想，ZigBee 的目标市场卞要有 PC 外设（鼠标、键盘、游戏操控杆）、消费类电子设备（TV，VCR，CD，VCD，DVD 等设备上的遥控装置）、家庭内智能控制（照明、煤气计量控制等）、玩具（电子宠物）、医护（监视器和传感器）、工控（监视器、传感器和自动控制设备）等非常广阔的领域。

（二）ZigBee 组成

ZigBee 标准定义了一种堆栈协议，这种协议能够确保无线设备在低成本、低功耗和低数据速率网络中的互通作业性。ZigBee 堆栈是在 IEEE 802.15.4 标准基础上设立的，定义了协议的 MAC 和 PHY 层。ZigBee 设备应该包括 IEEE802.15.4（该标准定义了 RF 射频以及与相邻设备之间的通信）的 PHY 和 MAC 层，以及

ZigBee 堆栈层：网络层（NWK）、应用层和安全服务提供层。

（三） 基于 Zigbee 无线传感器网络的精准灌溉控制系统组成

系统组成结构如图 8-2 所示。传感器节点自动加入网关节点启动的 ZigBee 无线网络。上位机通过 RS-232 接口与网关节点通信以获得数据，设置修改网络参数，下发各种命令（如本系统中的开关阀门）。

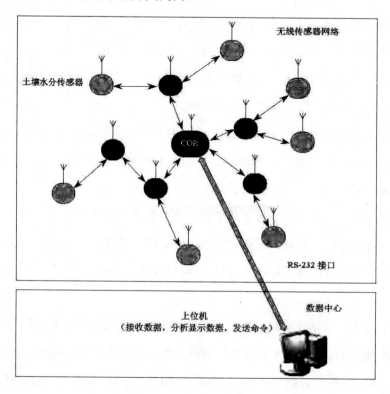

图 8-2　系统组成结构

（四） 无线传感器网络节点设计

（1）节点硬件设计

系统硬件设计框图及实物图如图 8-3 所示。节点的 CPU 采用 TI 公司的 CC2430，其完全符合 ZigBee 协议的 PHY 层和 MAC 层要求。其内部已经包含一个 2.4G 发射模块，可以很容易实现数据包的无线收发。同时其内的 128K 的 ROM 可以满足后续 ZigBee 协议的要求，在此基础上再扩展了存储单元。使用 CC2430 内部 10 位的 A/D 转化土壤水分传感器的模拟电压。为了和计算机通信而扩展了一个 RS-232 接口。整个系统由一块太阳能电池板供电。

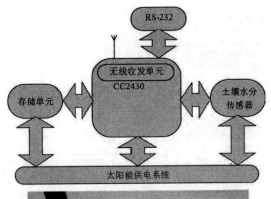

图 8-3　节点硬件框图及实物图

（2）节点软件设计

　　整个节点软件开发是基于 TI 免费提供的 ZigBee 协议栈 ZSTack-1.4.3-1.2.1 版本。ZSTack 内部是基于一个微型操作系统的，各层的功能都以任务的形式存在。协议栈具有丰富的操作系统功能函数以及各个 ZigBee 层的功能函数，协议栈还提供了一个基于串口的系统服务，并提供了完整的串口通信协议。节点软件开发主要是应用层 ZDO 任务的设计。在本系统中定义了两种节点，分别是无线土壤水分传感器节点和阀门节点。为实现上位机实时监控网络状态，各个节点定时将本节点的网络状态上传给网关节点，并由网关节点转交于上位机。成功加入网络后，传感器节点会定时将含水量值上传给网关，阀门节点只上传 HEARTBEAT 包并接收开关阀门操作命令。增加的功能都是以添加任务的形式通知操作系统的。软件流程图如图 8-4 所示。

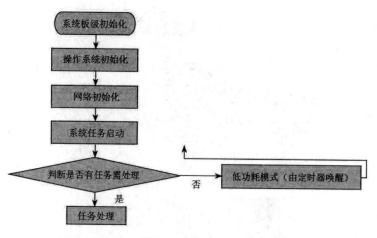

图 8-4 软件流程图

（五） 上位机设计

上位机主要功能是通过串口接收数据、分析、显示及发送各种命令。ZSTack 内提供了一个 MT（系统监视）的任务，提供了与上位机通信的完整协议，上位机开发基于这个 MT 进程展开。图 8-5 为上位机运行界面截图。从图中可以看到系统中当前所有加入网络的节点、节点类型、扩展地址、短地址、信号强度、上次上传 HEARTBEAT 包的时间、采集的传感器数据和采集时间。

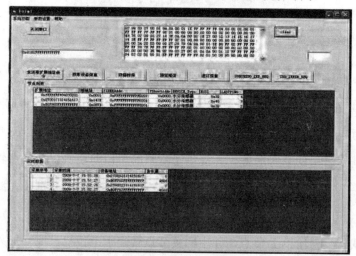

图 8-5 上位机运行界面

（1）控制模式

针对不同的使用环境，可采用不同的灌溉控制模式，常用的方式有 3 种：手动控制模式、按时间自动控制模式和精准控制模式。下面分别介绍 3 种控制方式。

1）手动控制模式。此控制方式主要是依靠灌溉工人、农民对植物需水状况的了解程度而制定的。灌溉方式是由执行者根据自己的经验，不定时、随机开启阀门，进行灌溉。

2）按时间自动控制模式。此控制方式较手动控制方式有了很大的改进。控制器设计者在设计时，可建立强大的专家管理系统，将不同植物生长期的需水要求提前植入控制器中，并结合灌溉工人、农民的实际灌溉经验，按时间制定出灌溉策略。

灌溉执行者可根据需求设定不同的程序，程序一旦设定好，灌溉控制系统可自动运行，完成相应的灌溉程序。

3）精准控制模式。以土壤墒情、植物生理需水状况为研究对象，以无损伤实时获取植物生理含水量、土壤含水量为检测手段，以节约水资源，同时防止过量的灌溉水携带肥料渗漏污染地下水资源的为主要控制目的。根据不同农作物或植物的不同特点，分层布控土壤水分传感器，结合作物或植物的生理需水要求，以其根部（第一层）土壤含水量为灌溉阈值，以灌溉水下渗到第二层为停止灌溉的依据，保证灌溉水不渗漏到第三层为灌溉目标，从而实现精准节水灌溉的目的。

针对不同地区、不同作物或植物，建立精准灌溉预测预报模型，组建网络化、智能化的远程监控精准灌溉系统，实现土壤墒情的实时检测、历史数据查询、错误自查、土壤信息及灌溉信息的图表显示，并生成用水报表，方便用户监控灌溉用水量，根据地势、植被不同，具有多种灌溉控制模式，采用不同灌溉策略等功能。

参考文献

[1] 水利部农村水利司，中国灌溉技术开发培训中心. 水土资源评价与节水灌溉规划 [M]. 北京：中国水利水电出版社，1998.

[2] 黄修桥，李英能，顾宇平，等. 节水灌溉技术体系与发展对策的研究 [J]. 农业工程学报，1999（01）：118-123.

[3] 杨素哲，李英能，张晶. "九五"期间我国节水农业科技进展 [J]. 水利发展研究，2002（10）：42-45.

[4] 仵峰，陈玉民，宰松梅. 石津灌区适宜田间灌水技术试验研究 [J]. 中国农村水利水电，2003（02）：25-28.

[5] 黄修桥，康绍忠，王景雷. 灌溉用水需求预测方法初步研究 [J]. 灌溉排水学报，2004（04）：11-15.

[6] 李宗尧. 节水灌溉技术 [M]. 北京：中国水利水电出版社，2004.

[7] 薛亮. 中国节水农业理论与实践 [M]. 北京：中国农业出版社，2002.

[8] 吴普特，等. 现代高效节水灌溉设施 [M]. 北京：化学工业出版社，2002.

[9] 黄修桥，高峰，王宪杰. 节水灌溉与21世纪水资源的持续利用 [J]. 灌溉排水学报，2001（03）：1-5.

[10] 李英能. 加入WTO后我国节水灌溉设备发展前景 [J]. 中国农村水利水电，2001（10）：59-62.

[11] 彭世彰，丁加丽. 国内外节水灌溉技术比较与认识 [J]. 水利水电科技进展，2004（04）：49-52.

[12] 张祖新，龚时宏，王晓玲，等. 雨水积蓄工程技术 [M]. 北京：中国水利水电出版社，1999.

[13] 彭彦明，丰秀萍，张国昌. 我国农业节水灌溉发展探析 [J]. 山东省农业管理干部学院学报，2009（01）：58-59.

[14] 信松胜. 节水灌溉技术发展现状及趋势 [J]. 食品研究与开发，2010（12）：270-271.

［15］李英能. 关于我国节水农业技术研究的探讨［J］. 灌溉排水学报，2003（01）：11-15.

［16］吴文荣. 国内节水灌溉技术的应用现状及发展策略［J］. 河北北方学院学报：自然科学版，2007（04）：38-41.

［17］周浩，成自勇，王铁良. 我国温室设施节水现状及未来发展趋势［J］. 安徽农业科学，2007（27）：8621-8622.

［18］周世峰. 喷灌工程学［M］. 北京：北京工业大学出版社，2004.

［19］康绍忠，蔡焕杰. 农业水管理学［M］. 北京：中国农业出版社，1996.

［20］许越先，等. 农业用水有效性研究［M］. 北京：科学出版社，1992.

［21］水利电力部水文局. 中国水资源评价［M］. 北京：水利电力出版社，1987.